나는
100만 원으로
크루즈 여행
간다

나는 100만 원으로 크루즈 여행간다

초 판 1쇄 2019년 08월 27일
초 판 2쇄 2019년 11월 22일

지은이 권마담
펴낸이 류종렬

펴낸곳 미다스북스
총괄실장 명상완
책임편집 이다경
책임진행 박새연 김가영 신은서
본문교정 최은혜 강윤희 정은희

등록 2001년 3월 21일 제2001-000040호
주소 서울시 마포구 양화로 133 서교타워 711호
전화 02) 322-7802~3
팩스 02) 6007-1845
블로그 http://blog.naver.com/midasbooks
전자주소 midasbooks@hanmail.net
페이스북 https://www.facebook.com/midasbooks425

© 권마담, 미다스북스 2019, *Printed in Korea*.

ISBN 978-89-6637-700-8 03980

값 25,000원

나는
100만 원으로
크루즈 여행
간다

권마담 지음

미다스북스

자, 이제 여행은 크루즈다!

16~18세기 유럽의 바다엔 무장한 민간의 배들이 어슬렁거리고 있었습니다. 이들은 정부로부터 전쟁 중에 적의 상선을 공격할 수 있는 허가를 받고 있었습니다. 아무나 공격해서 이익을 챙기는 해적과는 달랐던 것입니다. 이들을 사략선(私掠船, privateer)이라고 불렀습니다. 대표적으로 프랑스, 영국, 네덜란드의 배들이 많았습니다. 이들은 바다를 지그재그로 어슬렁거렸습니다. 그런 움직임에 십자가 모양을 뜻하는 네덜란드어 'kruisen'이라는 이름이 붙었고, 이것이 오늘날 크루즈(cruise)의 시초입니다.

오늘날 크루즈선(Cruise Ship)은 항해를 통한 유람을 목적으로 사용되는 여객선입니다. 초호화 여객선이죠.

국내에서는 크루즈선이 유람선과 혼동되어 사용되는 경향이 있습니다. 울산 앞바다에 나가 고래를 관찰할 수 있는 고래 크루즈, 포항 운하를 운행하는 포항 크루즈 등이 있지만 엄밀히 말하면 이들은 유람선입니다. 부산과 일본, 혹은 인천과 중국을 다니는 대형 여객선은 크루즈가 아니라 페리라고 부릅니다.

국내법상 크루즈선은 2,000톤 급 이상입니다. 이 규모 이상이 되어야 순항여객운송사업 허가가 나오죠. 국제 항로를 다니는 크루즈의 경우에는 규모가 순식간에 뛰어오릅니다. 한국 · 중국 · 일본을 다니는 크루즈선만 해도 7만~12만 톤 사이입니다. 탑승객은 2,000~4,000명 규모입니다.

전 세계에 약 70여 개의 크루즈 선사들이 400여 척이 넘는 배를 운영하고 있지만, 대부분 대형 자본에 흡수되어 자회사 형태를 이루고 있습니다. 세계 5대 메이저 크루즈 업체는 카니발, 로얄캐리비안, MSC, 노르웨이지안, 겐팅홍콩입니다. 이 5개 크루즈 업체가 전 세계 크루즈의 90%를 차지하고 있죠.

업계에서는 크루즈의 등급을 캐주얼, 프리미엄, 럭셔리 정도로 나눕니다. 가격 차이가 꽤 나죠. 이 등급은 배의 크기에 따라 나뉘는 게 아닙니다. 20만 톤이 넘는 현재 가장 큰 크루즈 선박인 '심포니오브더시즈'는 캐주얼 등급으로 분류되니까요.

INTRO_자, 이제 여행은 크루즈다!

등급을 나누는 첫 번째 기준은 승객 수 대비 승무원 수의 비율입니다. 승무원이 많을수록 다양하고 수준 높은 서비스가 제공되겠죠. 캐주얼의 경우 3:1, 물론 럭셔리 등급으로 갈수록 1:1에 가까워집니다.

두 번째 기준은 승객당 총 톤 수 비율입니다. 1인당 점유하는 총 톤 수가 클수록 좋겠죠. 캐주얼은 1인당 50톤 남짓이지만, 럭셔리 크루즈의 경우 1인당 50톤이 넘는 경우가 많습니다.

항해 자체와 선박 시설 이용도 유람의 한 부분이 되기 때문에 크루즈 내부에는 세계 각국 풍의 음식점과 뷔페, 카페, 카지노, 헬스클럽, 수영장, 워터파크, 바, 레스토랑, 영화관, 공연장, 도서관, 편의점, 미용실, PC방, 산책로, 사우나, 놀이시설 등이 갖추어져 있습니다.

도시에서 볼 수 있는 웬만한 시설들은 모두 있다고 봐도 무방합니다. 말 그대로 바다에 떠 있는 호텔, 작은 도시죠.

크루즈 여행은 누군가의 꿈이 아닙니다. 당장 떠날 수 있는 여행입니다. 나이가 많고 돈이 많아야 갈 수 있는 여행도 아니죠. 누구나 국내 여행하듯 떠날 수 있습니다. 크루즈의 실상은 '가성비 최고의 여행'입니다. 모든 식사가 포함되고, 브로드웨이급 공연이 제공되고, 다양한 액티비티가 무료로 제공됩니다.

나는 100만 원으로 크루즈 여행 간다

이제 여행은

꿈꾸던 모든 것들이

한 곳에서 이루어지는 천국 같은 여행,

크루즈로 떠나세요!

CONTENTS

PART 2

가성비
최고의 크루즈
: 아시아에서
  중동까지

PART 3

환상적인
럭셔리 크루즈
**: 하와이에서
　남극까지**

PART 4

싸고
쉽고
편한
크루즈 여행
준비의 모든 것

PART 5

**이것만 알면
완벽한
크캉스를
누릴 수 있다!**

PART I

단
100만 원으로
떠나는
크루즈 여행!

01

나는 100만 원으로 크루즈 여행 간다

일생에 한 번은 특별한 여행을 떠나라

PART 1_단 100만 원으로 떠나는 크루즈 여행!

크루즈는 특별합니다.

일단 사람들이 잘 가지 않습니다. 사실 누구나 갈 수 있지만, 정보가 없기 때문에 가는 사람이 적습니다. 크루즈를 타면 한국 사람이 거의 없습니다. 아직까지는 한국에서는 익숙하지 않은 문화라서 그렇죠.

나는 100만 원으로 크루즈 여행 간다

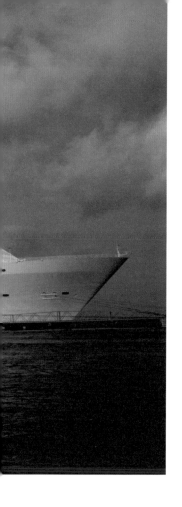

저도 몰랐을 때는 막연했습니다. 나이가 들어서야 가는 것, 최소 1주에서 3주 정도는 마음 먹고 가야 하는 줄 알았습니다. 돈 많은 사람들이나 가는 건 줄 알았죠. 그런데 갔다 오니까 '세상에!' 제 인생의 최고의 경험, 가격 대비 최고의 경험이었습니다. 가족들에게도 굉장한 선물이었죠.

크루즈 여행은
그야말로 힐링다운 힐링입니다.
잘 먹고 잘 자면 그게 최고의 여행 아닐까요?
이 책을 읽는 여러분도 당장 떠날 수 있습니다.

젊은 친구들이 고생하면서 배낭여행 가죠? 그 비용보다 더 저렴하게 크루즈를 타고 유럽 일주를 할 수 있습니다. 신혼부부들도 여행 어렵게 멀리 갈 게 아니라 크루즈 여행으로 저렴하게 제대로 여행을 즐길 수 있습니다. 특히 20대라면 배낭여행 대신, 어학연수 대신 크루즈 여행을 추천합니다. 제가 지금 20대라면 한 달간 배낭여행을 가느니, 3개월 어학연수를 가느니 크루즈 여행을 갈 것 같습니다. 배낭여행조차도 다양한 경험을 하기 위해서 가는 건데, 여러 가지 이점이 있으면 좋겠죠.

보통 배낭여행이라고 하면 유럽, 호주, 뉴질랜드 등지로 많이 가잖아요. 그보다 더 편하게 여행을 할 수 있습니다. 여러분이 유럽에 도착해서 크루즈에 탑승하는 겁니다. 유럽을 돌아다니면서 크루즈가 멈추는 곳마다 기항지 투어를 하고 들어오고, 기항지 투어하고 들어오고 그렇게 여행을 하는 겁니다.

게다가 배낭여행을 가는 이유가 다른 여행보다 저렴하기 때문인데, 크루즈 여행은 같은 유럽이나 호주에 가는 비용 대비 거의 절반, 또는 3분의 2 가격으로 갈 수 있습니다.

나는 100만 원으로 크루즈 여행 간다

그리고 무엇보다 여행의 목적은 외국인들을 만나서 다양한 문화를 배우는 게 아니겠어요? 이왕 영어를 쓸 수 있는 환경이면 최고의 여행, 어학연수가 되겠죠.

크루즈에는 외국인이 훨씬 많아요. 그러면 외국 문화도 배울 수 있습니다. 대화는 자연스럽게 영어로 하게 됩니다. 뿐만 아니라 식사 주문 등 대부분의 대화를 모두 영어로 해야 해요. 한국에서 입기 힘든 옷, 클럽, 가지노 등 다양한 이국적인 문화생활도 즐길 수 있고 여행도 할 수 있고 언어 공부도 되고 외국 문화도 알 수 있습니다.

19

물론 종종 매너 있고 배울 점이 많은 한국인도 만나게 됩니다.

같은 비용, 또는 더 저렴한 비용으로 더 좋은 것을 누릴 수 있다면 당연히 그걸 해야

하지 않을까요? 바로 크루즈 여행입니다.

꼭 크루즈 여행을 경험하셔서 이후 여러분의 여행이 바뀌었으면 좋겠습니다.

여러분이 꼭 많은 분에게 뜻깊은 추억을 남겨줄 수 있는,

꿈을 전파할 수 있는 사람이 되셨으면 좋겠습니다.

02

나는 100만 원으로 크루즈 여행 간다

돈은 적게, 여행은 럭셔리하게! 가성비 최고!

크루즈 여행의 가성비는 엄청납니다. 여러분은 크루즈 여행을 굉장히 호화스러운

여행이라고 생각합니다. 나중에 나이가 들어서 돈도 많고 시간도 많으면 크루즈로 세

계여행을 해야겠다고 생각하죠. 그렇게 막연하게 미뤄두는 일 중의 하나입니다.

나는 100만 원으로 크루즈 여행 간다

관점을 전환해야 합니다. 늙어서 돈 많고 시간 많아야 갈 수 있는 여행이라는 고정 관념을 먼저 깨시길 바랍니다. 그래야만 크루즈 여행을 할 수 있어요. 2박, 3박 정도는 시간을 내서 여행을 다녀올 수 있습니다. 그렇다고 해도 돈이 문제죠? 하지만 2~3박 정도의 짧은 여행이라면 바다 위에 있는 호텔에 묵는 크루즈 여행을 저렴하게 다녀올 수 있습니다. 가성비 최고죠. 오히려 2~3박 정도의 짧은 근거리 여행일 때 크루즈 여행을 선택해야 정말 힐링다운 힐링을 할 수 있습니다.

사실 저는 여행에 별로 관심이 없는 사람이었습니다. 결혼을 하고 여유가 생긴 뒤에야 '힐링을 제대로 해야겠다.' 생각해서 여행을 호화스럽게 한번 갔다 왔어요. 그 뒤로 '여행이 이런 거구나!' 하고 깨닫고 재미를 붙이려는 찰나에 크루즈 여행에 대해 듣게 되었습니다. 14박 15일 홍콩 출발 동남아 크루즈 여행이 100만 원에 가능하다는 이야기였죠.

"이게 말이 돼?"

직접 알아보니 정말 비행기 값 포함해서 100만 원대였습니다. 4박 5일 일정 싱가폴 크루즈가 비행기 값까지 포함해서 2명인데 200만 원도 안 들었어요. 한 명 당 100만 원도 안 든 거죠. 일본이나 중국 출발 크루즈를 타면 당연히 더 저렴한 비용으로 갈 수 있겠죠. 비행기 값이 20~30만 원 정도고, 크루즈 값이 400~500달러니까 한국 돈 70~80만 원에 크루즈를 이용할 수 있습니다.

시간 많고 돈 많은 사람만 크루즈 여행 가는 시대는 이제 끝났습니다. 저는 당시에 "땡잡았다!" 하고 갔는데 알고 보니 그런 게 아니었어요. 누구나 충분히 갈 수 있는 여행입니다. 하나하나 따져볼까요?

일단 크루즈 값만 볼게요. 크루즈가 아니라면 여러분이 이동 수단과 이동한 곳마다의 숙소를 찾아야 합니다. 여러 곳을 찾아보고 계산해야 해요. 이렇게 호텔 값과 이동 수단 비용이 듭니다. 세 끼 식사 값 따로죠. 그러니까 맛집도 찾아야 합니다. 여러분이 크루즈 여행을 가면 상품 값에 호텔 비용과 매일 세 끼 식사값, 심지어 중간중간 먹는 간식값, 매일 달라지는 공연비, 각종 액티비티와 시설 이용료까지 포함입니다. 무엇보다 크루즈의 장점은 자는 동안 이동을 한다는 겁니다. 한마디로 표현하자면 크루즈는 바다 위의 호텔입니다. 눈을 뜨면 다른 항구에 와 있고, 눈을 뜨면 다른 나라에 와 있죠. 때문에 따로 경비를 들였을 때보다 훨씬 저렴하고, 시간 절약도 됩니다. 그런데도 6박 7일에 100만 원이다? 정말 싸죠. 그래서 크루즈가 싸다는 겁니다. 가성비 최고죠. 100만 원대로 가는 크루즈 여행에 대한 자세한 정보를 알고 싶다면 유튜브 채널 〈권마담 크루즈 TV〉를 구독하면 많은 도움이 됩니다.

여러분이 같은 여행을 가더라도 더 좋은 숙소, 더 좋은 음식들이 있다면 당연히 그것을 선택해야겠죠. 몰라서 그동안 남들이 하는 대로 했다면, 이제는 크루즈로 예약을 하세요. 보름이 됐든 한 달이 됐든, 잘 먹고 잘 자는 여행을 할 수 있지 않겠습니까?

나는 100만 원으로 크루즈 여행 간다

크루즈로 지중해, 알래스카, 미국, 호주를 투어 하실 수도 있겠지만, 첫 경험은 가까운 아시아로 해서 가볍게 크루즈 여행의 맛을 보는 것을 추천합니다. 그 후에 점차 멀리 떠나보는 것도 좋을 것 같습니다.

크루즈는 절대 안 비쌉니다. 그래서 여러분이 꼭 크루즈 여행을 가야 합니다. 모든 것을 다 누리되 저렴하게, 하지만 식사나 잠자리는 가장 편하고 럭셔리하게. 최고의 여행을 최고의 가격으로 꼭 다녀오길 바랍니다.

03

나는 100만 원으로 크루즈 여행 간다

겁먹지 마세요, 100% 안전 보장!

PART 1_단 100만 원으로 떠나는 크루즈 여행!

"크루즈를 타면 배멀미가 있지 않나요?"

나는 100만 원으로 크루즈 여행 간다

저도 가기 전에는 걱정했어요. 사소하게는 멀미부터 시작해서 중간에 어디 크게 아프면 어쩌나, 배에 문제가 생기면 어쩌나…. 그런데 적어도 건강이나 안전 관련해서는 걱정하지 않아도 됩니다.

크루즈는 애초에 거센 파도의 영향을 적게 받습니다. 일단 규모가 일반 여선이니 유람선을 훌쩍 넘죠. 상상을 초월할 정도로 큽니다. 한마디로 63빌딩을 눕혀놓은 크기보다 큽니다. 잘 알고 있는 타이타닉 호마저 최근 크루즈 선박들에 비하면 작아 보일 정도랍니다. 로얄캐리비안 크루즈 얼루어 호와 비교하면 폭부터 2배 차이가 나죠.

"혹여나 멀미를 하면 어떻게 하나요?"

선내에 의료센터가 있습니다. 멀미약은 당연히 있죠. 조그마한 병원을 운영하는 곳도 있습니다. 다치거나 아프거나, 갑자기 치료가 필요할 때 의료센터를 기억하세요.

사실 크루즈 여행이라고 하면 가장 먼저 떠오르는 이미지가 영화 〈타이타닉〉이죠. 최근 헝가리에서 배 사고가 일어나는 등 배의 안전성에 대해서 불안해하시는 분들도 있을 것 같습니다. 아무래도 바다 위이니 뒤집히거나 침몰되거나 하는 상상을 하게 되죠. 더군다나 수영을 못하면 일단 두려울 수 있습니다. 하지만 만약 태풍이 온다고 해도, 선사에서 기상은 미리 파악하고 있기 때문에 걱정하지 않아도 됩니다.

선박 사고의 원인에는 정비 불량, 관리 소홀, 연료 소진 등이 있는데요. 자연재해가 아닌 사람이 만드는 사고일 때가 대부분입니다. 크루즈 선사에서는 이러한 인재를 방지하기 위해 다양한 조치를 취합니다.

크루즈에 타면 안전 훈련을 반드시 받게 되어 있습니다. 이 훈련은 국제적으로 통일된 원칙과 규칙을 준수합니다. 타이타닉 호 침몰 사고를 계기로 1914년 런던에서 처음 채택된 이래 계속 개정을 거쳐 1980년 5월 최종 발효된 해상인명안전협약, 약칭 SOLAS 협약을 따르죠. 객실에 있는 구명조끼를 가지고 지정되어 있는 비상 훈련 장소로 모여야 합니다. 집합 장소는 객실에 표시되어 있고, 한 구명보트를 타는 그룹끼리 다르기도 합니다. 예전에 크루즈 여행을 한 적이 있어서 훈련 경험이 있더라도 매번 새로 받아야 합니다. 탈 때마다 집합 장소가 다르기 때문입니다.

BBC에 따르면 육상 교통을 이용한 여행 중 사고율은 5만:1, 항공기의 경우에는 160만:1, 크루즈 여행의 경우에는 625만:1이라고 합니다. 그나마도 항공기 사고는 일단 발생하면 거의 90%에 달하는 사망률을 보이는 반면, 크루즈는 사고가 나도 생존 조치를 취할 수 있는 골든 타임이 훨씬 깁니다.

나는 100만 원으로 크루즈 여행 간다

이 정도면 그 어떤 수단을 통한 여행보다 크루즈 여행이 안전한 게 아닐까요?

PART 1_단 100만 원으로 떠나는 크루즈 여행!

04

나는 100만 원으로 크루즈 여행 간다

크루즈에서 세대차이란 없다, 다양한 즐길거리!

보통 밤에 이동을 하니까
배 안에서 바라보는 도시도 하나의 즐거움이죠.
남녀노소 누구에게나 새로운 경험입니다.

나는 100만 원으로 크루즈 여행 간다

가족 여행이 왜 힘든가요?

　일정을 짤 때 너무 정적이면 아이들이 지루해하고, 너무 액티브하면 어르신들이 힘들어하시죠. 이동할 때도 인원 다 있는지 일일이 확인해야 하고, 누가 아프기라도 하면 여행을 멈추고 병원에 가거나 집으로 돌아가야 합니다. 그래서 저는 가족 여행이든 부부 여행이든 꼭 크루즈로 한번 가보라고 권합니다.

　아이들이 있어도 좋습니다. 키즈 프로그램이 잘 되어 있습니다. 여러분이 아이를 맡겨두면 아이는 키즈 클럽 프로그램에 참여해서 영어권의 아이들도 만나고, 다양한 아이들을 만나서 거기서 경험도 하고, 영어로 재미있게 생활하거든요. 이 부분을 궁금해 하는 부모님들이 많을텐데, 책 후반부에서 더 자세하게 설명하겠습니다.

어르신분들은 선베드에 편히 누워서 독서를 하시거나 하는 모습도 많이 볼 수 있습니다. 객실도 호텔급이니 객실 안에서 충분히 휴식을 취할 수도 있죠.

액티비티도 아이들이 좋아할 만한 것부터 어르신이 즐길 수 있는 것까지 다양합니다. 또한 저녁마다 공연이 있어요. 〈캣츠〉, 〈맘마미아〉 이런 대단한 공연을 하는 곳도 있습니다. 액티브한 서커스도 있지만 우아하게 즐길 수 있는 연주회도 하니까 취향에 맞는 것으로 골라서 보러 가시면 됩니다. 저희 어머님은 전세방 없냐고, 여기 그냥 살고 싶다고, 돌아가고 싶지 않다고 할 정도였습니다. 이런 시설이나 프로그램 대비 비용은 정말 저렴합니다.

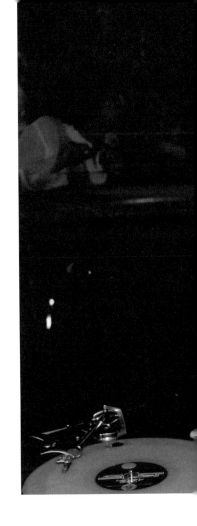

그리고 장애인분이 있다면 크루즈 여행은 최고의 선택입니다. 장애인 객실이 따로 있어서 화장실 같은 경우는 두 배 더 큽니다. 다만 객실을 미리 예약해야만 장애인 객실을 확보하실 수 있다는 것 알아두세요. 승선과 하선은 물론 도와주고요. 휠체어 등의 도움을 요청하면 언제든지 와서 도와줍니다. 이런 서비스도 무료이기 때문에 장애인분이 있다면 다른 여행보다 더 편하게 여행을 할 수 있습니다.

누가 아파도 그 사람이 약 받아서 객실에서 쉬는 동안 다른 사람들은 충분히 여행을 즐길 수가 있습니다. 여행 도중에 아프더라도 마음 상하고 미안할 일도 없겠죠.

카지노나 정찬 레스토랑 등 평소에 누리지 못했던 것을 배 안에서 충분히 누릴 수 있습니다. 가족 여행으로 이만한 선택이 없죠.

05

나는 100만 원으로 크루즈 여행 간다

스트레스 프리! 크루즈에서의 귀족 체험

PART 1_단 100만 원으로 떠나는 크루즈 여행!

크루즈에서는
스트레스가 없습니다.

'나는 여행 코스를 짜거나 숙박을 알아보고, 관광 일정을 알아보는 것이 너무 너무 귀찮다! 대중교통은 힘들고 답답해서 못 타겠고 운전하기는 지긋지긋하다!'

이런 분들에게 크루즈를 추천합니다. 최고급 숙박 시설과 식사가 한번에 해결됩니다. 여행지 이동? 자고 일어나면 도착해 있으니 더할 나위 없겠죠?

여행 코스를 짜려고 하면 공부를 많이 해야 되잖아요. 인터넷도 찾아보고, 정보 취합도 해야 되고, 맛집, 호텔을 알아보고…. 저도 정말 싫어하거든요. 알아보면서도 진짜인지 아닌지 모르겠고, 그렇게 찾아간 맛집도 실패할 수 있잖아요. 그래서 여행을 가려고 하면 설레기도 하지만 귀찮음도 많습니다. 이런 분들에게 크루즈는 정말 최고입니다.

나는 100만 원으로 크루즈 여행 간다

43

PART 1_단 100만 원으로 떠나는 크루즈 여행!

이미 여러분은 크루즈의 일정을 보고 예약했습니다. 노선을 정할 때만 고민하면 이후로는 고민할 필요가 없습니다. 자고 일어나면 말레이시아에 도착해 있고, 자고 또 일어나면 싱가포르에 도착해 있습니다. 자는 동안 계속 배는 이동하기 때문에 여러분이 따로 여행 코스를 짤 필요가 없습니다. 심지어 선사에서 제공하는 기항지 투어를 이용하게 되면 정말 고민할 것이 하나도 없죠.

숙박은 당연히 제공되잖아요. 숙소도 찾아볼 필요가 없습니다. 호텔급의 잠자리가 제공됩니다. 호텔 대신에 크루즈에 탄다고 생각하면 됩니다. 룸서비스 가능합니다. 수시로 청소 서비스를 이용할 수 있습니다. 24시간 뷔페가 제공되고, 정찬 레스토랑이 있고, 각종 유료 레스토랑이 있기 때문에 먹는 것은 걱정할 필요가 없습니다. 아침 먹고, 점심 먹고, 디저트 먹고…. 계속 먹을 수 있습니다. 살찔 걱정이 될 정도로 너무 잘 먹어요.

돌아다니는 여행을 좋아하는 사람도 있지만, 저는 힐링 여행을 좋아합니다. 여행 가서 돌아다니는 것보다 앉아서 쉬고, 잠도 푹 자고, 맛있는 것 먹고, 책도 읽고, 쉬는 여행을 좋아해요. 크루즈에 있으면 24시간 스케줄이 다양하게 짜여 있습니다. 크루즈 내의 여러 활동들은 단 1시간도 낭비되는 시간이 없습니다. 내가 원하는 시간에 선택해서 갑니다. 크루즈에서 수영을 하다가 입이 심심하면 스낵바에 가서 피자 같은 것도 먹을 수 있고, 피곤하면 자다가 또 배고프면 뷔페 와서 식사도 하고 커피도 마십니다. 크루즈 안에서 너무 편안하게, 낭만적인 바다를 보면서 여유로운 시간을 보낼 수 있습니다.

크루즈는 여러분이 대우받기 위해서 가는 곳이라고 생각하면 돼요. 보통 승객이 1,500명이면 승무원은 800명이 탑니다. 승무원 한 명당 승객 두 명을 케어할 수 있는 수준이죠. 때문에 모든 시설이 청결하며 직원들이 친절합니다. 심지어 한국말을 할 수 있는 승무원이 있냐고 물어봤을 때 있는 경우가 대부분이더라고요.

여행을 간다고 했을 때 저같이 귀차니즘이 있으신 분들, 크루즈에서 잘 먹고, 잘 자고, 편안하게 바다를 보면서 휴양 같은 휴식을 취할 수 있는 여행을 원하는 분들에게는 강력 추천합니다. 아무 스트레스 없이 귀족 체험할 수 있습니다.

나는 100만 원으로 크루즈 여행 간다

여러분이 어떤 여행을 원하는지 잘 생각해보고,

'나는 힐링 여행을 하고 싶다!' 하면

바다 위에 떠다니는 호텔인 크루즈를 이용해서

편안하고 안전하고 즐겁고 여유로운 여행하길 바랍니다.

PART 1_단 100만 원으로 떠나는 크루즈 여행!

06

나는 100만 원으로 크루즈 여행 간다

크루즈 여행은 이제 세계적인 대세다

PART 1_단 100만 원으로 떠나는 크루즈 여행!

크루즈가 대세입니다. 크루즈는 세계무역기구(WTO)가 선정한 미래 10대 관광 산업 중 하나입니다. 크루즈 여행은 여행 산업에서도 중요한 부분을 차지하게 되었고, 한·중·일을 중심으로 아시아에서까지 발전하고 있습니다. 2001년 이래 매년 9척 이상의 신규 선박이 건조되었다고 하죠.

여행 산업은 국민 소득과 밀접한 관계를 맺고 있다고 합니다. 소득 2만 달러부터 골프를 즐기는 사람들이 늘어난다고 하고, 3만 달러부터 크루즈를 이용하는 인구가 늘어난다고 알려져 있습니다.

이 이야기가 맞는지, 우리나라에서도 여행업계는 물론 여행자들까지 크루즈에 관심을 가지기 시작했습니다. 한국은행에 따르면 2018년에 우리나라 1인당 국민총소득 추정치가 3만 1천 달러를 넘었다고 하죠. 크루즈는 여행업계에는 큰 수익을 보장하고 여행자들에게는 관광과 여행, 휴양을 동시에 즐길 수 있는 최고의 시간을 제공합니다.

나는 100만 원으로 크루즈 여행 간다

51

크루즈 여행은 세계적인 흐름이며 점점 대중화될 것입니다.

이런 크루즈 여행 열풍에 먼저 올라타보는 것이 어떨까요?

나는 100만 원으로 크루즈 여행 간다

우리나라에는 모항지가 없지만 최근 한국 취항 전세선이 늘어나고 있으며, 부산, 여수, 속초 등 다양한 지역에도 크루즈가 들어오고 있습니다. 2009년까지만 해도 한국을 방문한 크루즈 선박은 연간 100회, 여행객수는 10만 명이 채 안됐습니다. 그러던 것이 443회 기항으로 4배, 72만 명 방문으로 10배나 뛴 것은 2013년의 일이죠. 2019년 4월에는 수도권 최초 크루즈 전용 터미널이 인천에 생겼습니다. 최대 22만 5천 톤급 초대형 선박도 최대 2대까지 동시 접안이 가능하다고 하네요. 포항에도 크루즈 접안이 가능한 부두가 준공될 예정이라고 합니다.

크루즈 시장은 매해 8% 이상 성장하고 있다고 합니다. 최근 바캉스 트렌드, 특별한 것을 하지 않고 호텔에서 바캉스를 즐기는 '호캉스'의 영향력이 크루즈에까지 번지면서 '크캉스'라는 말도 생겼습니다. 돈이 조금 더 들더라도 지금 당장 좋아하는 것, 편하고 특별한 것을 선택하는 YOLO 열풍도 한몫했죠. 덕분에 20~30대에게도 크루즈 여행이 친근하게 다가가고 있습니다. 게다가 시간 제한이 있는 '관광'이 아닌 자유로운 '여행'의 선호도가 높아지고 있습니다.

PART 2

가성비
최고의 크루즈
: 아시아에서 중동까지

01

나는 100만 원으로 크루즈 여행 간다

멀고도 가까운 동북아로 떠나보자

PART 2_가성비 최고의 크루즈 : 아시아에서 중동까지

동북아, 동남아 크루즈는 지중해나 유럽의 크루즈에 비해 규모가 크지는 않습니다. 그러나 다양한 국가와 다양한 도시를 짧게 여행할 수 있다는 점에서 장점이 있죠.

동북아 크루즈는 일본을 중심으로 발전하고 있습니다. 상하이나 홍콩에서 출발해 일본으로 가기도 하고, 일본 기항지만 도는 크루즈도 있습니다. 한국에서는 일본까지 가는 비행기표도 저렴하니 한국에서 이용하기 편리하겠죠. 여기에 러시아 블라디보스토크까지 코스에 포함되어 있기도 합니다.

일본 홋카이도

러시아 북단과 가깝습니다. 일본에서 두 번째로 큰 섬인 홋카이도는 거대한 산과 화산지대로 유명합니다. 먹거리로는 신선한 우니를 찾을 수 있습니다. 공중전차를 탈 수 있는 하코다테는 일본의 3대 야경으로도 유명합니다만, 시간제한이 있기 때문에 보기 힘들 수도 있습니다. 운하가 있는 작은 항구 도시 오타루도 만날 수 있습니다. 아기자기한 정취로 가득하죠. 영화 〈러브레터〉의 배경으로도 유명하고 100여 년 전부터 '홋카이도의 현관'으로 불리며 발전한 곳입니다.

하코다테 야경

일본 규슈

규슈는 온천 여행으로 유명하죠. 일본 전통 온천을 재현한 곳이 많습니다. 그만큼 자연적인 지역입니다. 동서양의 문화가 공존해 다른 일본 지역보다 이국적인 분위기를 체험할 수 있습니다.

가고시마는 규슈의 남단에 위치해 있습니다. 가고시마의 명동 거리인 덴몬칸 거리는 쇼핑하기에 최적입니다. 백화점부터 기념품점, 맛집들이 즐비합니다. '이소정원'도 유명한데요, 1658년에 건축된 일본 정원입니다. 해변을 배경으로 아름다운 풍경을 자랑합니다.

나가사키 전경

　우리에게는 '짬뽕'으로 더 익숙한 나가사키도 규슈에 있습니다. 나가사키는 초기 개항지로, 유럽과 중국의 영향을 받은 흔적이 남아 있습니다. 이 이국적인 정취는 일본인뿐만 아니라 외국 관광객들에게도 인기가 많죠. 최초의 국립공원인 화산지대 운젠, 쇄국시대의 네덜란드인 거류지였던 인공섬 데지마가 유명합니다.

나는 100만 원으로 크루즈 여행 간다

일본 류큐 제도

일본 최남단에 위치한 이 섬은 일본의 열대 낙원이라고 불립니다. 청록빛 바다, 아름다운 산호초, 야자수 등을 볼 수 있습니다.

아시아의 하와이로 유명한 오키나와도 류큐 제도에 있죠. 일본인들이 사랑하는 휴양지이기도 합니다. 슈리성, 국제 거리 등이 볼거리입니다.

일본 혼슈

일본 열도의 중심을 이루는 가장 큰 섬입니다. 도쿄, 교토, 오사카를 포함하여 여러분이 알고 있는 대부분 일본 도시가 여기에 있죠. 고요한 풍경의 작은 섬들과 대비되는 일본의 현대, 대도시를 만날 수 있습니다. 혼슈의 최북단에 있는 아오모리는 자연 풍광이 광활합니다. 특히 온천이 명품이죠. 세계 최대의 너도밤나무 원생림을 가지고 있습니다.

러시아 블라디보스토크

블라디보스토크는 러시아의 대표 항구도시이자 시베리아 횡단열차의 종점이기도 하죠. 태평양 극동함대가 주둔하고 있는 도시이기도 합니다.

운좋게 주말에 블라디보스토크에 닿았다면 혁명광장으로 가보는 것이 좋습니다. 교통의 중심지이며, 재래시장이 열리고 사람들이 많아지면서 시민들의 생활을 가장 선명하게 엿볼 수 있습니다.

블라디보스토크의 전체 풍경을 찍고 싶다면 독수리 전망대가 최고의 선택입니다. 블라디보스토크 대표 포토존이죠. 더불어 델 마르 전망 포인트에서는 금문교와 부동항을 볼 수 있습니다.

블라디보스토크

나는 100만 원으로 크루즈 여행 간다

독수리전망대에서 바라본 금문교

PART 2_가성비 최고의 크루즈 : 아시아에서 중동까지

중국 상하이

상하이는 중국에서 가장 큰 도시이자 세계적인 도시입니다. 특히 개화기에 문물 개방 창구 역할을 하며 국제적인 도시로 성장했죠. 상하이는 황푸 강을 기준으로 푸동과 푸시 지역으로 나눠지는데, 두 지역의 모습이 사뭇 다릅니다. 푸동이 현대적인 분위기를 가지고 있다면 푸시는 개발 전의 전통적인 상하이를 볼 수 있습니다.

상하이는 정말 넓은 도시이지만 지하철을 이용하면 주요 명소들은 충분히 돌아볼 수 있습니다.

난징루는 상하이 최대 번화가이며, 와이탄은 강을 따라 보이는 풍경, 특히 야경이 백미죠. 대한민국 임시정부 청사, 윤봉길 의사의 홍커우 공원도 상하이에 있습니다.

상하이 전경

PART 2_가성비 최고의 크루즈 : 아시아에서 중동까지

02

나는 100만 원으로 크루즈 여행 간다

가성비를 원한다면 동남아 크루즈다

PART 2_가성비 최고의 크루즈 : 아시아에서 중동까지

요즘 가장 핫하게 떠오르고 있는 크루즈 지역은 바로 동남아입니다. 한국과 거리도 가깝고 비용도 부담이 적어 초보 크루즈 여행자들이라면 도전할 만합니다. 싱가포르, 말레이시아, 태국, 캄보디아, 베트남 등을 기항지로 6일 또는 7일 일정으로 구성됩니다. 14만 톤 급 로열 캐리비안 크루즈 보이저 호와 17만 톤 급 로열 캐리비안 크루즈 퀀텀호를 이용합니다.

싱가포르항에 정박해 있는 로열 캐리비언

나는 100만 원으로 크루즈 여행 간다

싱가포르 – 멀러이언파크

싱가포르

싱가포르는 섬으로 이루어진 도시 국가입니다. 그래서 당연하지만 나라 이름도 싱가포르, 수도 이름도 싱가포르죠.

미식가들의 천국, 쇼핑의 허브라는 별명을 가지고 있습니다. 물가도 저렴하여 전 세계 여행객들에게 인기가 많습니다. 관광지들이 가까운 거리에 위치하고 있어 초보 여행객들에게도 좋은 선택지가 됩니다. 치킨라이스와 칠리크랩이 유명하고, 자연과 도심의 조화가 돋보이는 명소가 즐비합니다. 특히 유니버설 스튜디오와 마리나 베이샌즈 호텔의 수영장이 유명하죠.

나는 100만 원으로 크루즈 여행 간다

태국 푸켓

푸켓은 다른 설명이 필요 없죠. 태국의 꽃입니다. 전 세계에서 찾는 대표 휴양지 라고 할 수 있죠.

푸켓에는 불교사원도 많은데, 그중 가 장 크고 화려한 사원이 바로 왓찰롱 사원 입니다. 태국 여행에서 빠질 수 없는 전 통 타이 마사지까지 받을 수 있습니다.

푸켓 – 왓 찰롱 사원

베트남 호치민

호치민은 베트남의 5개 직할시 중 하나입니다. 중앙정부로부터 광범위한 자치권을 부여받았죠. 양호한 인프라 시설을 갖추고 베트남 경제 성장의 견인차 역할을 했습니다.

호치민에서 가장 인기가 많은 투어는 메콩강 투어입니다. 도심지에서 벗어나 진정한 베트남의 풍경을 만납니다. 과일 농장, 쪽배, 옥수수밭 등 이국적인 시골 풍경을 여유롭게 볼 수 있습니다.

시티 투어도 할 수 있습니다. 통일궁, 구찌 터널, 노트르담 대성당, 전쟁 박물관 등 호치민 역사 명소를 둘러봅니다. 이밖에 현지 요리 강습 등 프로그램도 많으니 살펴보면 좋습니다.

호치민에 있는 노트르담 성당

PART 2_가성비 최고의 크루즈 : 아시아에서 중동까지

말레이시아 코타키나발루

코타키나발루는 아름다운 해변과 일몰로 유명한 휴양지입니다. 세계 3대 선셋으로

선정되기까지 했죠. 시기는 4월부터 9월이 최적입니다.

코타키나발루 선셋

만따나니 아일랜드, 툰구압둘라만 해양국립공원 아일랜드 투어가 있으며, 스노클링

이나 다이빙도 즐길 수 있습니다. 바다뿐만 아니라 맹그로브 숲도 있으니 지루할 틈이

없겠죠?

03

나는 100만 원으로 크루즈 여행 간다

천혜의 자연을 만나는 호주 - 뉴질랜드 여행

PART 2_가성비 최고의 크루즈 : 아시아에서 중동까지

오페라 하우스

호주 뉴질랜드 크루즈는 자연에서 느낄 수 있는 여유로움과 다채로운 문화를 체험

할 수 있는 코스입니다. 소도시의 매력도 즐길 수 있습니다. 기항지는 호주의 시드니,

멜버른, 에벤, 뉴질랜드의 웰링턴, 오클랜드, 기즈번, 더니든 등이 있습니다. 코스는

다양하니 잘 비교해서 가장 매력적인 곳으로 골라가시면 됩니다.

노르웨이지안 크루즈는 9만 3천 톤급 쥬얼 호로 출항하며 NCL사에서는 16만 7천

톤 급 블리스호가 출항합니다.

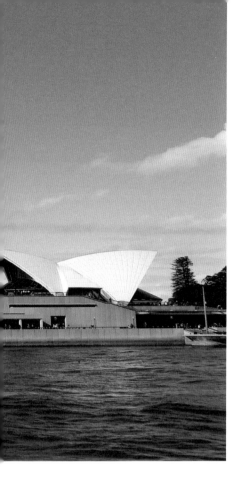

호주 시드니

시드니는 호주 최대의 도시입니다. 호주 인구의 4분의 1이 몰려 있죠. 수도로 오해하는 분들이 있는데, 호주의 수도는 캔버라입니다.

시드니 하면 역시 오페라 하우스입니다. 하버브릿지와 마주 보고 있는 모습이 아주 멋있다고 하죠. 하버브릿지 옆에는 주말마다 마켓이 열린다고 하는데, 이 지역을 록스라고 합니다.

이밖에도 시드니 타워, 퀸빅토리아 빌딩, 달링하버, 본다이비치 등 다양한 명소가 있습니다. 대부분의 호주 뉴질랜드 크루즈가 시드니를 모항지로 하기 때문에 여행 막바지에 천천히 둘러봐도 좋습니다.

호주 멜버른

멜버른은 호주에서 시드니 다음으로 큰 도시입니다. 호주의 유럽이라고도 불리는데, 유럽풍의 건물과 거리가 많기 때문이라고 합니다. 멜버른에는 다양한 인종들이 구역을 이루어 살고 있습니다. 그렇기 때문에 다양한 먹거리와 문화를 접할 수 있죠. 특히 테니스를 사랑하는 분이라면 '호주 오픈 테니스 선수권 대회' 시즌에 맞춰서 가보는 것도 좋겠습니다.

패션과 젊음의 거리인 채프 스트리트와 브런즈윅 스트리트를 거닐어보는 것도 특별합니다. 멜버른의 길거리 문화를 제대로 체험할 수 있기 때문이죠.

그레이트오션로드도 멜버른을 찾은 관광객들이 빼놓지 않는 명소입니다. 빅토리아 주 토키에서 워넘불까지 300km에 이르는 지역인데 바위와 절벽 그리고 굴곡진 해안선이 인상적입니다.

그레이트 오션

PART 2_가성비 최고의 크루즈 : 아시아에서 중동까지

뉴질랜드 밀포드사운드, 다우트풀사운드

밀포드사운드와 다우트풀사운드는 거대한 피오르드로 유네스코 세계문화유산에 등재되어 있습니다. 뉴질랜드 남섬의 남서해안에 위치해 있어 선상에서 관광할 수 있습니다.

밀포드사운드는 약 1만 2천 년 전 빙하에 의해 형성되었다고 합니다. 마치 바다에서 산봉우리가 솟아오른 것 같은 풍경은 신비롭습니다. 수백 미터의 폭포와 푸른 빙하도 시선을 빼앗습니다.

다우트풀사운드는 밀포드사운드보다 더 작고 접근하기 어렵습니다. 입구가 좁아서 처음 이 피오르드가 발견되었을 때 '들어갔다가 다시 나올 수 있을까?' 의심했다고 하여 다우트풀(Doubtful)이라는 이름이 붙었다는 이야기가 있습니다.

밀포드사운드

PART 2_가성비 최고의 크루즈 : 아시아에서 중동까지

뉴질랜드 웰링턴

웰링턴은 뉴질랜드 북섬의 남쪽 끝에 있는 뉴질랜드의 수도입니다. 작은 도시이기 때문에 시내관광은 도보로도 충분합니다.

쿠바 거리가 유명합니다. 알록달록한 횡단보도와 계단, 감각적으로 디자인된 거리가 인상적입니다.

웰링턴 케이블카

웰링턴 케이블카를 타면 해변을 배경으로 둔 시내의 모습을 한눈에 바라볼 수 있습니다. 대표적인 포토스팟입니다.

영화 〈반지의 제왕〉 촬영지도 구경할 수 있습니다. 영화가 촬영된 웨타 스튜디오에 방문해 영화 제작에 대한 설명을 들으며 다양한 소품도 볼 수 있습니다.

PART 2_가성비 최고의 크루즈 : 아시아에서 중동까지

뉴질랜드 오클랜드

오클랜드는 복잡한 지형에 북쪽에 치우쳐져 있었는데도 1865년까지 뉴질랜드의 수도였습니다. 북쪽의 와이터마타, 남쪽의 마누카우 항구가 항로의 중심이 되었습니다. 기후가 온화하여 태평양 해상, 항공 교통의 요충지입니다. 수도가 웰링턴으로 옮겨진 뒤에도 '뉴질랜드의 현관'이라는 별명을 가지고 계속 발전했습니다.

오클랜드의 항구는 시내와 가깝습니다. 쇼핑의 중심인 퀸스 스트리트가 특히 코앞입니다. 또한 구 수도인 만큼 오클랜드 대학을 비롯하여 박물관, 도서관 등 다양한 문화, 교육기관이 있습니다.

오클랜드

PART 2_가성비 최고의 크루즈 : 아시아에서 중동까지

04

나는 100만 원으로 크루즈 여행 간다

예술과 낭만을 따라 지중해로 가자

지중해는 크루즈 여행으로 가고 싶은 1순위 여행지입니다. 푸른 바다, 따뜻한 기후, 이국적인 건물과 풍경, 낭만이 가득한 곳이죠. 지중해는 보통 서부 지중해 코스와 동부 지중해 코스로 나뉩니다. 서부 지중해 코스는 이탈리아, 스페인, 프랑스 등을 기항지로 합니다. 동부 지중해는 에게 해를 중심으로 역사 유적지가 살아 숨 쉬는 그리스, 크로아티아 등을 둘러볼 수 있습니다.

23만 톤 급 로열 캐리비안 오아시스 호를 서부 지중해 크루즈 상품으로 제공합니다. 동부 지중해 크루즈는 10만 톤 급 선박 MSC 매그니피카호가 출항합니다.

노르웨이지안 크루즈의 유럽 일정 중에서도 서부 지중해 크루즈는 가장 대표적이죠. 15만 톤 급 선박 노르웨이지안 에픽(Norwegian Epic) 호가 여행합니다. 동유럽 크루즈의 경우, 9만 톤 급의 선박 노르웨이지안 스타(Norwegian Star) 호가 베니스에서 출발합니다.

지중해 기항지 관광이라면 시티투어 버스가 필수입니다. 승차와 하차가 자유롭고 노선도 다양합니다.

나는 100만 원으로 크루즈 여행 간다

로열 캐리비안 오아시스

PART 2_가성비 최고의 크루즈 : 아시아에서 중동까지

서부 지중해

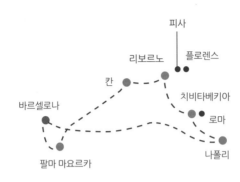

피사
리보르노 플로렌스
칸 치비타베키아
바르셀로나 로마
팔마 마요르카 나폴리

지중 해

이탈리아 팔레르모

이탈리아 시칠리아 주의 주도인 팔레르모입니다. 바로크 양식의 건축물이 많습니다. 항구에서 5~10분이면 바로크 양식의 건축물들을 발견할 수 있습니다.

무엇보다 팔레르모 대성당과 몬레알레 대성당이 유명한데, 팔레르모 대성당은 항구에서 걸어서는 30분이 넘게 걸리므로 마차나 꼬마기차, 택시를 이용하면 좋습니다. 젤라토 등의 간식도 먹을 수 있습니다.

팔레르모 대성당

이탈리아 나폴리

나폴리는 세계 3대 미항으로 아름다운 해안 도시입니다. 꽃과 과일이 풍부한 데다

폼페이라는 독특한 역사 문화까지 더해져 관광 도시로 각광받고 있죠. 나폴리의 명소

들간의 거리가 멀지 않아서 작은 도시가 아닌데도 걷게 된다고 합니다.

크고 작은 배들이 정박해 있는 나폴리 항

이 말을 증명하는 것처럼 나폴리 항구 바로 앞에는 누오보 성이 있습니다. '새로운 성'이라는 뜻이죠. 용암으로 뒤덮힌 카프리 섬, 와인과 올리브유로 유명한 소렌토도 유명합니다.

이탈리아 플로렌스

꽃의 도시 플로렌스는 이탈리아의 대표적인 관광지입니다. 건축과 예술의 도시로도 유명하고, 르네상스 시대 3명의 천재라는 미켈란젤로, 라파엘로, 레오나르도 다 빈치가 활동했던 곳이기도 하죠.

우리가 잘 알고 있는 델 피오레 대성당, 베키오 궁전, 시뇨리아 광장이 있습니다. 종교적인 유적이나 문화재, 그림들이 많습니다. 관심이 있다면 우피치 미술관에 가는 것도 좋은 선택입니다.

대리석으로 제작된 지오토의 종탑에 올라가서 보는 플로렌스의 환상적인 전경은 이미 유명하죠. 약 85m로, 414개의 계단이 있다고 합니다.

플로렌스는 항구도시가 아니기 때문에 보통 항구가 있는 라스페치아, 피사, 리보르노 등과 함께 둘러보게 됩니다. 그중 피사는 특히 피사의 사탑으로 유명하죠.

피사의 사탑

PART 2_가성비 최고의 크루즈 : 아시아에서 중동까지

스페인 바르셀로나

바르셀로나에는 한국인 관광객이 많습니다. 친숙하게 느껴지기까지 합니다. 무엇보다 더 안전하게 여행할 수 있습니다. 항구에서 차로 30분 정도면 구엘 공원, 사그라다 파밀리아 등 유명한 관광지를 만날 수 있습니다. 구엘공원과 사그라다 파밀리아 둘 모두 가우디가 건축한 것으로 유명합니다. 돌을 쌓아올려 만든 기둥과 울퉁불퉁한 다리, 화려한 타일 등이 독특합니다.

바르셀로나 하면 역시 FC바르셀로나입니다. 관련한 다양한 기념품점이 있으니 살펴봐도 좋겠습니다.

스페인 – FC바르셀로나

나는 100만 원으로 크루즈 여행 간다

스페인 팔마 데 마요르카

팔레르모에서 바로크 양식을 볼 수 있었다면 팔마 데 마요르카(이하 '팔마')에서는 고딕 양식을 만날 수 있습니다. 로마의 식민 도시였다가 이슬람 교도의 지배를 받기도 했었기 때문에 이슬람 왕조 시절 건축물도 남아 있다고 합니다.

길이 좁고 골목이 많아 걸어다니면 또 다른 매력을 느낄 수 있습니다. 세계 부자들의 휴양지로도 알려져 있죠. 엄청나게 많은 요트를 볼 수도 있습니다.

스페인 최고의 성당, 팔마 대성당까지 가는 셔틀버스가 있습니다. 팔마 대성당은 전설적인 건축가 가우디가 건축에 참여한 것으로 유명합니다. 쓰러질 것 같이 아슬아슬한 계단, 거대한 촛대 등이 인상적입니다. 내부의 스테인드글라스는 지름이 20m 상당이 되는 걸로 유명합니다.

언덕에 위치해 팔마 데 마요르카의 전경이 한눈에 보이는 벨베르 성도 있습니다. 여름궁전이라는 별명이 있습니다. 과거에는 성이었는데 감옥으로도 이용되었다고 합니다. 성벽 옥상에 올라가면 환상적인 풍경이 기다리고 있습니다.

100

팔마 대성당의 웅장한 모습

PART 2_가성비 최고의 크루즈 : 아시아에서 중동까지

동부 지중해

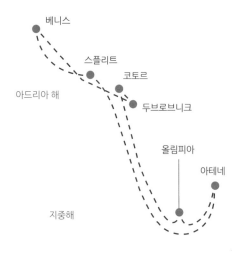

베니스

스플리트

코토르

아드리아 해

두브로브니크

올림피아

아테네

지중해

이탈리아 베니스

이탈리아의 가장 유명한 항구도시 베니스, 즉 베네치아(Venezia)는 118개의 섬이 400개의 다리로 이어져 있습니다.

섬과 섬 사이의 수로가 교통로 역할을 하며 이에 따라 독특한 풍경을 가지게 됐죠. 물의 도시라는 별명이 있습니다.

이탈리아 – 베니스 수로

몬테네그로 코토르

코토르는 유럽 중세 도시의 모습이 잘 보존되어 있는 유네스코 세계문화유산입니다. 이 도시는 검은 산 아래에 있고, 높고 단단한 성벽으로 둘러싸여 있습니다. 몬테네그로는 2006년에 독립했지만 그전까지는 내전이 잦았다고 합니다. 코토르는 전략적 요충지였습니다.

정박 시간이 짧기 때문에, 항구에서 걸어서 5분 거리에 있는 올드타운에서 시간을 보내는 것도 좋은 방법입니다. 상점들, 박물관, 레스토랑, 호텔이 있으니 즐기기에 부족함이 없습니다. 물론 투어도 있습니다. 박물관 관람, 스피드보트 등이 가능합니다.

코토르에 정박한 크루즈

PART 2_가성비 최고의 크루즈 : 아시아에서 중동까지

그리스 산토리니

산토리니 하면 파란색과 흰색이 떠오를 정도로 이미지가 확실한 도시죠. 화산이 터져서 용암이 절벽이 되어 가파른 지형을 가지게 되었는데, 여기에 하얀 벽과 푸른 지붕의 건물들이 마치 그림책 같은 장관을 보여줍니다. 이미 영화, CF, 여행 프로그램, 잡지 등에서 배경으로 톡톡히 활약하고 있죠. 산토리니는 텐더보트를 이용해 하선합니다. 산토리니 근처 바다가 깊지 않아 크루즈로 정박을 할 수 없기 때문입니다. 그래서 하선 시 시간이 꽤 걸리니 조금 일찍 나가는 게 좋습니다.

그리스 아테네

그리스의 수도 아테네의 이름은 그리스 신화의 여신 아테나의 이름에서 가져왔습니다. 지명의 유래처럼 그리스 신화 유적들이 인상 깊은 곳입니다. 항구에서 도보로 5분이면 늘어선 현지 시티투어 버스가 보입니다. 도시의 상징 아크로폴리스와 파르테논 신전, 박물관, 해변까지 없는 게 없죠. 한국인으로는 유일하게 성악가 조수미가 노래했던 헤로데스 아티쿠스 음악당도 볼 수 있습니다.

크로아티아 두브로브니크

두브로브니크는 크로아티아의 대표적인 관광지입니다. '아드리아 해의 진주'라는 별

명도 있죠.

두브로브니크의 상징은 구 도심을 둘러싸고 있는 성벽입니다.

나는 100만 원으로 크루즈 여행 간다

두브로브니크

이 성벽을 보기 위해 전 세계에서 관광객들이 몰려들고 있죠. 선사에서도 성벽 투어

를 제공하기도 합니다. 항구에서 버스로 15분 정도 걸립니다. 매표소에서 표를 사면

성곽을 따라 걸으며 두브로브니크의 구 도심의 안팎을 한눈에 볼 수 있습니다.

PART 2_가성비 최고의 크루즈 : 아시아에서 중동까지

05

나는 100만 원으로 크루즈 여행 간다

품격 있는 힐링을 위한 북유럽 크루즈

유럽의 감성을 느끼고 싶다면 단연 북유럽을 택해야 하지 않을까 생각합니다. 북유럽 크루즈는 아이슬란드, 러시아, 아일랜드, 영국, 프랑스, 노르웨이, 핀란드, 덴마크 등 다양한 국가를 다닐 수 있습니다. 다양한 역사와 문화, 아름다운 예술, 박물관과 미술관을 만납니다.

프린세스 크루즈는 코펜하겐에서 출발하는 12일간의 북유럽 크루즈를 가지고 있습니다. 기항지 투어에 최적화된 일정이 인상적이죠. 크루즈 관련 매체인 〈포트홀 매거진(Porthole Magazine)〉은 이 일정을 '최고의 북유럽 크루즈 일정'으로 선정했습니다. 최신 대형 선박인 14만 1천 톤 급의 리갈 프린세스 호를 이용하는데, 전체 객실의 80%가 발코니룸이라고 합니다.

노르웨이지안 크루즈에도 북유럽 크루즈가 있습니다. 14만 5천 톤 급의 선박 노르웨이지안 겟어웨이(Norwegian Getaway) 호를 타고 떠나는 북유럽 크루즈 일정은 코펜하겐 혹은 베를린에서 출발합니다.

나는 100만 원으로 크루즈 여행 간다

덴마크 코펜하겐

덴마크는 동화의 나라로 유명하죠. 그중에서도 덴마크의 수도이자 안데르센의 동화 속 인어 공주 동상으로 유명한 코펜하겐은 유럽의 유명한 항구도시입니다. 북유럽 세2의 내도시로도 꼽힙니다. 시내에 녹지가 많고 유서 깊은 궁진, 교회 등의 건축물이 많아 볼거리가 풍부해 동화 속에 들어온 것 같은 느낌을 받을 수 있습니다.

코펜하겐에 온 관광객이라면 꼭 들린다는 니하운 항구는 덴마크어로 '새로운 항구'라는 뜻을 가지고 있습니다. 큰 배가 다니기에는 항로가 좁지만, 물이 흐르는 항로와 그 가까이에 붙은 색색의 건물이 그림 같습니다. 실제로 안데르센이 니하운 18번지, 20번지, 67번지에 살았던 적이 있다고 합니다. 니하운 운하 투어는 1시간 정도 소요되며, 국립극장, 오페라 하우스, 인어공주상, 크리스티안 하운, 크리스티안보르 궁전을 지납니다.

덴마크의 랜드마크, 우리구세주 교회도 빼놓을 수 없죠. 1752년 건축되었고 파이프 오르간 모양으로 되어 있습니다. 목재 계단을 오르면 코펜하겐 시내가 한눈에 내려다보입니다.

코펜하겐의 니하운 운하 투어

나는 100만 원으로 크루즈 여행 간다

115

PART 2_가성비 최고의 크루즈 : 아시아에서 중동까지

에스토니아 탈린

탈린은 에스토니아 공화국의 수도입니다. '발트해의 진주, 순결한 보석, 자존심'이라는 별명을 가지고 있을 정도로 아름다운 도시입니다. 중세 유럽의 분위기를 그대로 담고 있어 마치 시간 여행을 온 것 같은 착각을 하게 되는데요. 구 시가지 역사지구는 유네스코 세계문화유산으로 등록되었다고 합니다.

구 시청광장은 중세시대 문화의 중심지였다고 합니다. 기사들의 시합, 시장, 파티, 사형 집행까지 이루어졌다고 하니 대단하죠. 지금도 다양한 공연이 펼쳐지거나 시장이 열리기도 합니다.

파트쿨 전망대는 구 시가지의 포토 스팟입니다. 서쪽으로는 과거 구 소련의 공장지대, 북쪽으로는 발트해, 동쪽으로는 중세 독일 상인들의 자치도시가 보입니다.

카타리나 장인의 거리는 탈린 최초의 거리로 여겨집니다. 아직도 7개 길드 장인들의 가게가 남아 있다고 하는데, 미국의 힐러리 클린턴이 들렀던 가죽공예점이 있다고 하네요.

중세의 모습을 고스란히 가지고 있는 탈린

PART 2_가성비 최고의 크루즈 : 아시아에서 중동까지

핀란드 헬싱키

헬싱키는 3면이 바다로 둘러 쌓여 있습니다. 핀란드 최대의 항구도시로 국립 박물관, 국회 의사당, 음악당 등 개성 넘치는 건축물이 많습니다. 단정한 도시 풍경으로 유명해 '발트해의 아가씨'라는 별명을 가지고 있다고 하네요. 특히 디자인이 발달되어 있기 때문에 북유럽 디자인을 좋아하는 분들이라면 꼭 샅샅이 둘러보아야겠죠.

항구에 내려서 도시의 중심까지 가는 셔틀버스를 탈 수 있습니다. 항구로 가는 버스 시간이 이른 편이니 체크해야 합니다. 핀란드의 대표적인 백화점인 스토크만 백화점도 있습니다. 그 앞의 광장에서는 마켓도 열리고 버스킹도 합니다.

헬싱키 루터란 대성당은 핀란드 여행자들에게 필수 코스입니다. 헬싱키의 상징이라고도 할 수 있죠. 밝은 녹색의 돔과 흰 벽으로 이루어진 건물이 아름답습니다. 바다에서 바라볼 때 더 아름답다고 하네요. 현재는 국가적, 종교적 행사가 열리고 전시회, 연주회 등 문화공간의 역할도 한다고 합니다.

러시아 상트페테르부르크

러시아 제2의 도시이자 문화 예술의 중심지, 상트페테르부르크입니다. 성당, 궁전, 미술관, 박물관이 많죠. 1712년부터 약 200년간 러시아의 수도였습니다. 무수히 많은 운하와 400개가 넘는 다리 때문에 '북쪽의 베니스'라고도 불린다고 하네요. 상트페테르부르크에 이틀 동안 기항하는 크루즈가 있을 정도로 볼거리, 즐길거리가 많습니다.

상트페테르부르크는 거대한 대륙 국가 러시아를 대변하듯 아주 넓습니다. 버스 투어가 필수입니다. 일단 택시를 타고 시내로 가서 투어 버스를 탑니다.

세계 3대 미술관인 에르미타주 미술관에는 300만여 점의 미술품이 전시되어 있다고 합니다. 한 작품을 1분씩만 감상해도 약 5년이 걸린다고 하니 어마어마한 양이죠? 피의 사원이라고도 불리는 그리스도 부활성당, 여름 정원도 유명한 관광지입니다.

에르미타주 미술관 전경

나는 100만 원으로 크루즈 여행 간다

121

06

나는 100만 원으로 크루즈 여행 간다

중동에서 이국의 미래 도시를 체험하라

시르 바니야스 섬
아랍에미레이트

카사브
오만

두바이
아랍에미레이트

아부다비
아랍에미레이트

무스카트
오만

인공섬 팜 주메이라

정말 럭셔리한 크루즈를 떠나고 싶다면 중동 크루즈를 추천합니다. MSC 크루즈에

서는 호화 크루즈 13만 톤 급 MSC 스플렌디다(Splendida) 호가 출항합니다.

아랍에미리트 두바이

두바이는 아랍에미리드를 구성하는 7개 토후국 중 하나입니다. 국제무역항이 발달했고 금융, 항공, 관광 인프라를 모두 갖춘 화려한 도시입니다. 거의 미래 도시와 같은 모습이죠.

두바이에서 가장 오래된 지역인 바스타키야를 비롯해 향신료 시장, 금 시장 등을 방문할 수 있습니다. 박물관은 물론 수상택시체험, 아라비아의 사막 탐험도 가능합니다. 모래언덕 꼭대기까지 올라 미끄러져 내려오는 액티비티를 즐길 수 있죠. 아니면 사륜구동차로 투어할 수도 있습니다.

또한 두바이에는 세계에서 가장 높은 전망대인 버즈칼리파 전망대가 있습니다. 무려 124층입니다. 세계 최대의 인공섬이라는 팜 주메이라와 두바이 최고의 실내 전통 시장, 고급 쇼핑몰 수크 마디낫 주메이라 관광도 추천합니다. 영화 〈미션 임파서블〉의 촬영지였던 에미레이츠 타워도 볼 수 있습니다.

버즈칼리파 전망대에서 본 두바이 전경

나는 100만 원으로 크루즈 여행 간다

아부다비 – 페라리 월드

PART 2_가성비 최고의 크루즈 : 아시아에서 중동까지

아부다비 셰이크 자이드 그랜드 모스크

아랍에미리트 아부다비

아부다비는 2007년 미국 〈포춘〉지가 뽑은 가장 부유한 도시 중 하나에 선정되기도 했죠. 그만큼 초호화 호텔들이 즐비합니다.

8성급 에미레이츠 팰리스 호텔, 헤리티지 빌리지, 아부다비 셰이크 자이드 그랜드 모스크, 페라리 월드, 루브르 박물관 관람 등이 투어 리스트에 있습니다.

비마흐 싱크홀

오만 무스카트

아라비아반도의 남동단에 위치한 무스카트는 오만의 수도입니다. 이야기 '신밧드의 모험'의 배경이 된 곳으로 유명하죠. 오만에서는 전통을 만날 수 있는 다양한 투어가 있습니다. 왕인 술탄이 손님을 맞이할 때 사용하는 궁전 알람 팔래스, 오만의 전통적인 물건들을 볼 수 있는 재래시장 무트라 수크, 하늘에서 운석이 떨어져 생겼다는 전설을 품은 비마흐 싱크홀 등이 매력적입니다.

129

환상적인
럭셔리 크루즈
: 하와이에서 남극까지

01 알로하! 에메랄드빛 바다가 펼쳐진 하와이!

02 푸른 빙하가 있는 알래스카로 떠나자

03 태평양 최고의 휴양지, 캘리포니아로!

04 이국의 풍취가 가득한 카리브해로!

05 뜨거운 태양의 열정을 담은 남미 크루즈

06 눈과 얼음의 바다, 자연이 펼쳐진 남극

01

나는 100만 원으로 크루즈 여행 간다

알로하! 에메랄드빛 바다가 펼쳐진 하와이!

하와이는 자타 공인 가장 유명한 휴양지입니다. 우리가 알고 있는 하와이는 사실 니하우, 카우아이, 오아후, 몰로카이, 라나이, 마우이, 카호올라웨, 하와이로 이루어진 하와이 제도의 한 섬입니다. 하와이 제도에는 이 8개 섬 외에도 100개가 넘는 작은 섬들도 포함되어 있습니다. 와이키키, 다이아몬드 해변 등 우리가 아는 하와이는 아주 일부에 불과한 것이죠.

하와이를 조금 더 다양하게 맛볼 수 있는 유일한 방법은 바로 하와이 크루즈입니다. 하와이 크루즈는 4개 섬을 도는 일정으로 되어 있습니다. 노르웨이지안 크루즈에서는 8만 톤 급의 프라이드 오브 아메리카 호가 출항합니다. 하와이에서 출발해 마우이의 카훌루이, 빅아일랜드의 힐로와 코나, 카우아이의 나윌리윌리까지 볼 수 있습니다.

호놀룰루 전경

와이키키 해변

하와이 호놀룰루

호놀룰루는 하와이의 주도입니다. 태평양의 섬 도시로 항구가 발달했죠. 1년 내내 온화하고 따뜻한 기후를 가졌기에 '세계의 낙원'이라고도 불립니다. 와이키키 해변, 다이아몬드 헤드 등이 유명합니다.

씨 라이프 파크에서는 돌고래, 바다사자, 거북이, 펭귄 등을 볼 수 있습니다. 거센 바람이 부는 것으로 유명한 바람산에 올라가면 팔리 전망대가 있습니다. 팔리 전망대에서 보는 풍경은 산과 바다, 마을이 한눈에 잡히며 감탄을 자아낸다고 합니다.

하와이 – 할레아칼라 화산

마우이 카훌루이

마우이는 하와이 제도 제2의 섬입니다. 마우이에서는 긴 해안선을 따라 걸으며 바다를 만끽할 수 있습니다. 또한 수영, 스노클링, 윈드서핑 등의 액티비티도 다양하게 준비되어 있습니다. 운이 좋으면 혹등고래 떼도 구경할 수 있죠.

무엇보다 세계 최대의 휴화산 할레아칼라를 투어할 수 있습니다. 할레아칼라 산은 지난 1790년에 분화했으며, 아직 그 흔적이 그대로 남아 있습니다. 해발 1만 피트 정상에서 보는 열대섬의 풍경은 감동이겠죠?

빅아일랜드 코나

관광객들이 가장 선호하는 기항지 중 하나입니다. 코나 섬은 세계 3대 커피 생산지로 유명합니다. '하와이안 코나!' 커피에 관심 있다면 들어보았을 겁니다.

마우케니아 산은 해저산입니다. 바다에 솟아 있는 산이죠. 해면으로부터의 높이는 4,205m이지만 해저까지 합하면 10,203m가 되어 에베레스트보다 높은 산이 됩니다. 정상까지 올라가는 길이 매력적입니다. 해발이 높아 기온이 낮으니 생각보다 더 따뜻하게 입고 가야 합니다.

카할루우 비치는 현지인들도 많이 옵니다. 물놀이도 좋지만 스노클링을 할 수 있죠. 하와이 최고의 스노클링 해변이기도 합니다. 바다거북도 볼 수 있지만 환경 보전을 위해 만지는 것은 금지입니다.

카할루우 비치는
하와이 최고의 스노클링 해변이기도 합니다.

하와이 – 카할루우 비치

나는 100만 원으로 크루즈 여행 간다

카우아이 나윌리윌리

카우아이 섬에는 용암지대가 있습니다. 그 풍경이 신비롭습니다. 캐노피 지프라인이 색다른 체험인 이유입니다. 골짜기 사이를 가로지르며 카우아이 깊은 곳까지 경험할 수 있습니다. 시장이나 마트에서만 보던 파인애플 나무와 유칼립투스 위를 지나갈 수 있죠.

나윌리윌리는 카우아이 섬에서 가장 큰 항구입니다. 이 항구 근처에 나윌리윌리 공원과 칼라파키 비치 리조트가 있습니다. 상가들도 있어 느긋하게 시간을 보내기도 좋습니다. 항구에서 해변 앞에 있는 하버 몰까지 운영하는 무료 셔틀이 있습니다.

카우아이 섬 – 나윌리윌리 항구

02

나는 100만 원으로 크루즈 여행 간다

푸른 빙하가 있는 알래스카로 떠나자

스캐그웨이
주노
소이여 빙하
케치칸
태평양
시애틀
빅토리아

5월부터 9월까지는 알래스카 크루즈 시즌입니다. 알래스카는 북아메리카 대륙의 북서쪽 끝에 위치해 있습니다. 러시아가 미국에 판 땅으로도 유명하죠. 미국에서 가장 큰 영토를 가진 주이기도 합니다. 거대한 빙하 절벽, 그 사이로 흐르는 폭포들, 빙하 위와 그 주변에 서식하는 혹등고래, 연어, 흰머리독수리, 곰, 킹크랩 등 다양한 해양생물 등 육로 여행보다 더 가깝게 대자연의 경이로움을 느낄 수 있지요. 알래스카 크루즈는 일단 거리가 먼 만큼 다른 노선에 비해 비싼 편입니다.

프린세스 크루즈에서는 시애틀과 빅토리아 여행을 포함한 상품을 선보이고 있습니다. 11만 톤 급 크루즈이며 7월, 8월, 9월 출발 상품이 있으니 살펴보시고 예약하면 되겠습니다.

노르웨이지안 크루즈에서는 9만 3천 톤 급의 선박 노르웨이지안 조이(Norwegian JOY) 호가 출항하는 알래스카 대표 크루즈를 운영하고 있습니다. 빙하 안쪽까지 들어가는 생생한 알래스카 체험이 가능한 7박 8일 크루즈 일정입니다.

나는 100만 원으로 크루즈 여행 간다

어마어마한 규모의 멘델홀 빙하

143

주노

주노는 알래스카 주의 주도입니다. 우뚝 솟은 산과 가스티노 해협 등 자연으로 둘러싸여 알래스카에서도 손꼽히는 아름다움을 자랑하는 곳입니다. 헬리콥터, 빙하 워킹, 고래 관찰, 개썰매 등 많은 종류의 투어가 있으니 각자의 취향에 맞게 1개, 2개 정도를 골라서 다녀올 수 있습니다. 선사 투어가 아닌 현지에서 자유 관광을 하면 조금 더 싸지만 미리 온라인으로 예약하거나 현지에 도착해서 알아봐야 하니 감안하면 됩니다.

가장 유명한 곳은 '멘델홀 빙하'입니다. 주노 빙원을 구성하는 38개의 거대한 빙하 중 하나로 푸른빛이 감돌아 신비로움을 자아내죠. 처음 보는 사람이라면 빙하라는 것을 의심할 정도입니다.

멘델홀 빙하까지 가는 방법에는 네 가지 방법이 있습니다. 선사 제공 셔틀버스, 현지 셔틀버스, 택스, 버스지요. 40달러 이상부터 5달러 내외까지 가격대가 천차만별이니 여건에 맞게 선택할 수 있습니다. 다만 2~3명 이상으로 인원이 많다면 택시가 쌀 수도 있겠죠. 버스를 탄다면 가는 편과 오는 편을 잘 알아둬서 시간 낭비하지 않도록 주의해야 합니다. 챙겨야 할 준비물은 선글라스, 장갑, 모자(귀를 덮으면 좋습니다), 카메라 등이 있습니다. 당연하지만 따뜻하게 입어야겠죠?

나는 100만 원으로 크루즈 여행 간다

주노의 기가 막힌 바다

주노 트램도 인기입니다. 6분 남짓의 짧은 트램이지만 산책로, 전망대, 기념품점, 레스토랑이 있어 충분히 휴식할 수 있습니다. 항구에서 멀지 않은 마을에서 탈 수 있기 때문에 특별한 투어 없이 휴식만 취하고 싶다면 이용해보면 좋습니다.

스캐그웨이

스캐그웨이는 원주민어 '북풍이 불어오는 곳'에서 유래되었습니다. 인구는 800명 남짓이지만 북미에서 가장 넓은 도시입니다. 클론다이크 골드러시가 시작된 곳으로, 과거 '황금'의 꿈을 가졌던 광부들의 흔적을 볼 수 있습니다. 거리에 줄줄이 서 있는 주점과 레스토랑, 목조 도보와 도로는 마치 영화 세트장을 보는 것 같습니다. 정박 시간이 긴 경우가 많기 때문에 투어는 다양하게 할 수 있습니다.

화이트패스 산악 관광열차는 금광석을 실어 나르던 증기기관차를 재현한 것입니다. 미국 캐나다의 국경 지역 최정상, 해발 2,885피트까지 운행됩니다. 크루즈 항구까지 철도가 연결되어 있어 바로 탑승할 수 있습니다.

유콘 지역을 탐방할 수도 있습니다. 유콘 지역은 캐나다의 브리티시 컬럼비아 국경을 넘어야 하기 때문에 반드시 여권을 챙겨야 합니다. 화이트패스 열차는 항구 바로 앞에서 탈 수 있지만, 유콘 지역으로 가기 위해서는 버스로 5분 정도 걸리는 곳에서 열차를 타야 합니다. 본격적인 투어를 위해 버스를 타면 고속도로를 달리게 됩니다. 가는 길에 설명도 해주고 3~4개 장소에 멈춰서 포토타임도 가집니다.

에메랄드 호수, 카크로스 사막, 때때로 마주치는 야생동물들 덕분에 알찬 시간을 보낼 수 있습니다.

열차 관광이 끝나면 중간에 내려 마을 구경을 하는 것도 좋습니다. 항구에서 가장 가까운 마을이 걸어서 10~15분 정도 걸리니 항구로 돌아갈 때는 걸어도 되고 버스를 타도 됩니다.

글레이셔 베이 국립공원

글레이셔 베이 국립공원은 알래스카 크루즈의 백미입니다. 2018년 크루즈 최고의

기항지로 선정되었고, 유네스코 세계자연유산으로 지정돼 있습니다. 약 50여 개의 빙

하와 야생식물로 둘러싸인 협곡이 아름답습니다.

나는 100만 원으로 크루즈 여행 간다

글레이셔 베이 국립공원

글레이셔 베이의 대표 빙하인 마저리 빙하, 뮤이르 빙하는 선상에서 보게 됩니다. 두 빙하를 만나면 배가 빙글빙글 돕니다. 관광도 하고 사진도 찍을 시간을 주는 것이죠. 운이 좋으면 마저리 빙하가 무너져 내리는 모습도 볼 수 있습니다. 이것을 카빙이라고 합니다. 천둥 같은 어마어마한 소리를 내면서 무너집니다.

트레이시암 피오르드

트레이시암은 거대한 피오르드입니다. 빙수곡이 침수하여 생긴 좁고 깊은 만을 피
오르드라고 하죠. 유빙을 볼 수 있는 절호의 기회이고, 빙하를 가까이에서 볼 수도 있
습니다.

트레이시암 피오르드

소이어 빙하가 대표적입니다. 흑곰, 불곰, 늑대, 바다표범, 사슴 등과 같은 다양한
동물들을 볼 수 있습니다.

PART 3_환상적인 럭셔리 크루즈 : 하와이에서 남극까지

케치칸

케치칸은 원주민어 '독수리가 펼친 날개'에서 온 지명입니다. 알래스카 최남단에 있는 도시로, 관광과 어업, 벌목 산업을 주로 한다고 합니다. 그래서인지 울창한 산림 지역으로도 유명합니다. 연어의 고장이라는 별명도 있습니다. 알래스카 원시 우림 보호 지역에 서식하는 연어, 흑곰, 순록, 흰머리 독수리 등을 볼 수 있습니다. 장엄한 자연경관과 함께 원주민 마을과 원주민 문화를 만날 수도 있죠.

케치칸은 교통이 편리합니다. 어느 부두에 배가 닿아도 마을까지 5~15분이면 갑니다. 무료 셔틀버스도, 시내버스도 있습니다. 특히 크릭 스트리트에는 골드러시 초기에 지어진 건물이 남아 있고, 현재는 다양한 상점이 운영되고 있어 시내 투어로는 최적입니다.

보통 케치칸에서의 정박 기간이 짧기 때문에 일정을 알뜰하게 짜야 합니다. 물론 선사에서 운영하는 투어를 이용하면 늦을 걱정이 없습니다. 숲 산책, 야생 탐험, 수상 비행기, 짚라인, 토템 공원, 시티 투어 등의 투어가 준비되어 있습니다. 식사로는 연어와 킹크랩이 유명합니다.

케치칸 항구에 입항 중인 크루즈

PART 3_환상적인 럭셔리 크루즈 : 하와이에서 남극까지

빅토리아 엠프레스 호텔

나는 100만 원으로 크루즈 여행 간다

빅토리아

빅토리아는 캐나다 브리티시 컬럼비아 주의 주도, 항구 도시입니다. 당시 여왕의 이름을 따서 지었죠. 캐나다에서 기후가 가장 좋다고 하죠. 그래서 대표적인 휴양 도시이기도 합니다.

빅토리아 이너하버는 빅토리아의 명소입니다. 대표적인 항구로 수상가옥들이 늘어서 바다와 어우러진 아름다운 경치를 볼 수 있습니다.

이 지역에서 가장 오래된 만큼 빅토리아풍 양식을 갖춘 빅토리아 최대의 호텔인 엠프레스 호텔도 있습니다. 이 호텔 뒤에는 크리스털 가든이 있습니다. 지붕이 온통 유리로 되어 있어 멀리서도 한눈에 보이죠. 100년 전의 채석장이 있었던 자리의 부차드 가든은 지금은 아름다운 정원으로 많은 사람들이 찾는 장소입니다.

03

나는 100만 원으로 크루즈 여행 간다

태평양 최고의 휴양지, 캘리포니아로!

PART 3_환상적인 럭셔리 크루즈 : 하와이에서 남극까지

골든게이트 브릿지

나는 100만 원으로 크루즈 여행 간다

샌프란시스코

태평양 연안에서 L.A에 이은 제2의 도시입니다. L.A가 떠오르기 선까시는 오랫동안 태평양 제1의 도시였던 만큼, 우수한 항만 인프라를 갖추고 있습니다.

샌프란시스코에는 세상에서 가장 아름다운 현수교, 골든게이트 브릿지가 있습니다. 이 골든게이트 브릿지가 있는 140년 역사의 골든게이트 공원은 초대형 공원으로 유명합니다. 미국에서 가장 큰 차이나타운, 젊음의 거리 유니언스퀘어도 있습니다.

하지만 무엇보다 샌프란시스코 최고의 명물은 케이블카입니다. 공중에 매달린 것이 아니라 언덕을 오르는 이 케이블카는 다양한 노선을 가지고 있습니다. 입석으로 타면 케이블카 밖으로 몸을 내밀고 서서 타는 경험을 할 수도 있죠. 하지만 티켓 가격이 제법 있기 때문에 잘 고민하고 뮤니패스를 알아보는 것도 좋습니다.

몬터레이

몬터레이는 세계에서 손꼽히는 태평양 해안 마을입니다. 그러나 도보로도 충분히 관광 가능한 작은 마을이죠. 예전에는 고래잡이를 하던 어업 도시였는데, 현재는 관광에 기반을 두고 있습니다. 스페인령 시절의 요새나 옛 건물들이 보존되어 있고 자연 경관이 아름답습니다. 캘리포니아 최초의 극장과 벽돌 건물이 아직도 남아 있다고 하네요.

미국에서 가장 그림 같은 풍경을 볼 수 있다는 17마일 드라이빙 투어와, 바다와 연결되어 있는 아쿠아리움을 갈 수 있는 투어가 인기입니다.

나는 100만 원으로 크루즈 여행 간다

몬터레이 – 아쿠아리움

PART 3_환상적인 럭셔리 크루즈 : 하와이에서 남극까지

샌디에고

미국 최고의 휴양지, 샌디에고입니다. 겨울에 따뜻하고 여름에 선선하며 연 평균 기온이 13~20℃로 늘 쾌적한 기후 때문입니다. 안정된 치안을 자랑하지만 비싼 물가 때문에 '부유한 백인들의 은퇴 도시'라고도 불리죠.

항공모함을 그대로 활용한 미드웨이 박물관

　어린이나 청소년들이 있다면 USS 미드웨이 박물관을 추천합니다. 제2차 세계대전에 사용되었던 실제 항공모함을 개조하여 만들었는데요. 유일하게 남아 있는 실제 모함이라고 합니다. 혹은 트롤리로 20분 거리인 올드타운 관광도 가능합니다. 미국에서 가장 오래된 전통마을이라고 합니다.

엔세나다

엔세나다는 작은 산맥으로 둘러싸인 항구도시입니다. 1950년부터 급성장한 관광 중심의 도시죠. 해산물 요리가 유명하며 수영, 심해 낚시 등 레크리에이션 자원이 풍부하여 미국인들도 많이 찾는다고 하죠.

엔세나다의 하이라이트는 라부파도라, 엔세나다 블로우홀입니다. 라부파도라는 좁은 절벽 틈으로 바닷물이 솟구치는 곳입니다. 10m 넘게 솟구쳐 올라오는 바닷물이 인상적입니다. 조수와 파도가 잘 맞아떨어지면 30m까지 올라온다고 하니 대단하죠? 날씨가 좋은 날이면 올라올 때마다 무지개가 만들어져 장관이 연출됩니다.

엔세나다 항구

PART 3_환상적인 럭셔리 크루즈 : 하와이에서 남극까지

04

나는 100만 원으로 크루즈 여행 간다

이국의 풍취가 가득한 카리브해로!

카리브해는 지상낙원이라고 불릴 정도로 아름답고 찬란한 바다를 가졌지요. 최고의 휴양지입니다. 여기에 매력적인 마야 문명의 오묘한 아름다움이 더해져 특별한 경험을 선사합니다.

로얄캐리비안 크루즈에서는 세계 최대 크루즈 선으로 유명했던 오아시스 호의 자매선인 얼루어 호가 출항합니다. 특히 로얄캐리비안 크루즈에서는 아이티의 라바디 섬을 통째로 사들여, 사람의 손길이 닿지 않은 해변을 감상할 수 있다고 합니다.

나는 100만 원으로 크루즈 여행 간다

쿠라카오

쿠라카오 빌렘스타트

쿠라카오는 카리브해의 랜드마크나 다름 없지만 지도에서는 찾을 수 없을 만큼 잘

알려지지 않았습니다. 아주 작은 섬나라이기 때문이죠. 하지만 작기 때문에 해안부터

시내까지 걸어서도 충분히 관광이 가능합니다. 파란 바다와 펠리컨, 아기자기한 집들

이 딱 카리브해를 연상시킵니다.

보나이러

한쪽 다리를 살포시 들고 있는 분홍색 새, 플라밍고의 고향으로 가장 유명한 보나이러. 네덜란드 특별자치지역의 하나입니다. 건조한 기후와 척박한 토양 때문에 농업이 발달하지는 못했으나, 카리브해의 특징을 잘 살려 관광 산업이 발달했습니다. 특히 다이버들의 천국이라고 할 정도로 다이빙 산업이 발달했다고 합니다.

다이버들의 천국 보나이러

자메이카 팰머스

팰머스는 자유로운 분위기의 도시입니다. 골목마다 흥겨운 레게음악이 흘러나오는 곳이죠. 팰머스에는 세계적인 관광 명소 던스리버 폭포가 있습니다. 던스리버를 따라 올라가 돌고래와 함께 수영할 수 있는 투어도 있으니 매력적입니다.

아니면 팰머스의 명소와 거리를 다니는 투어도 있습니다. 해변가의 카페 거리와 기념품점도 들릅니다.

자메이카 – 던스 리버 폭포

나는 100만 원으로 크루즈 여행 간다

멕시코 코수멜 – 산호섬에서의 다이빙

PART 3_환상적인 럭셔리 크루즈 : 하와이에서 남극까지

멕시코 코수멜

코수멜은 멕시코 캐리비안 해안의 보석이라고 불립니다. 완전한 휴식을 원하는 사람들을 위한 섬이죠. 서쪽 해안은 개발이 된 지역이라서 공항, 호텔 등이 있습니다. 자연을 보호하려는 주민들의 신념 덕분에 거대 리조트 단지는 없지만 오히려 조용하고 고즈넉한 매력 때문에 코수멜은 최고의 휴양지가 되었죠.

코수멜은 크리스탈처럼 맑은 물이 흘러 에메랄드빛 바다와 짙은 파랑의 바다를 동시에 볼 수 있습니다. 산호섬에서 다이빙과 스노클링을 즐기고, 페리를 타고 투어를 할 수도 있습니다. 특히 다이버들에게는 오호스 동굴이 매력적이라고 합니다.

마야 문명을 탐방하고 싶은 사람들을 위한 멕시코 투어도 있습니다. 바야돌리드의 유적지를 돌아볼 수 있는 코스가 준비되어 있습니다. 혹은 멕시코 고대 유적지 코바를 탐험할 수도 있습니다. 메소아메리카의 생활을 엿볼 수 있는 궁전, 비석 등을 볼 수 있고 마야 피라미드인 노호크멀에도 올라가볼 수 있습니다.

나는 100만 원으로 크루즈 여행 간다

코수멜 – 산게르바시오의 유적지

PART 3_환상적인 럭셔리 크루즈 : 하와이에서 남극까지

필립스버그

열대섬 세인트마틴은 프랑스와 네덜란드가 반씩 나눠 소유하고 있습니다. 세계적인 해변 관광지로 유명하죠.

섬의 남쪽, 네덜란드령 주요도시 필립스버그의 마호비치는 비행기가 아주 낮게 나는 곳이어서 해수욕을 즐기다가 비행기와 기념사진을 찍는 것도 즐길 수 있습니다.

카리브 대표 기항지 필립스버그

자전거로 필립스버그 주변의 유적지를 탐험할 수 있습니다. 자전거 사용법을 배운 후 가이드와 함께 이동하며 역사와 예술, 생활에 대해 설명을 듣습니다.

온전히 바다만을 즐기고 싶다면 카약과 스노클링이 포함된 투어도 있습니다. 얕은 암초 지대를 탐험하며 다양한 생물들을 만날 수 있습니다.

PART 3_환상적인 럭셔리 크루즈 : 하와이에서 남극까지

푸에르토리코 산후안

산후안(San Juan)이라는 명칭은 이후 부유한 항구라는 뜻의 푸에르토리코로 바뀌었습니다. 현재는 푸에르토리코가 국가 이름이 되었고, 산후안이 수도가 되었죠. 이 섬의 동쪽은 시내입니다. 항구, 상점, 공원, 레스토랑 등이 줄지어 있죠. 북쪽에는 유서 깊은 건물들과 빅토리아식 공원을 만날 수 있습니다.

구 산후안은 서반구에서 두 번째로 오래된 도시입니다. 스페인의 식민지였죠. 이곳을 여행한다면 스페인 사람들이 살던 마을과 유네스코 문화유산을 보실 수 있습니다.

산후안 성

나는 100만 원으로 크루즈 여행 간다

세인트토마스 섬

버진 제도 세인트토마스

세인트토마스는 버진 제도 중 미국령입니다. 아름다운 해변과 현대적인 휴양 시설이 조화를 이룬 열대섬입니다.

샬럿아말리에는 자연과 도시의 삶이 어우러져 있습니다. 카리브해에서 가장 많은 사람들이 방문하는 도시죠. 서반구에서 두 번째로 오래된 유대교회가 있습니다. 이 교회는 경찰서, 법원, 정부청사로 이용되다가 지금은 지역역사박물관으로 사용되고 있습니다. 이렇게 역사가 깊은 곳인데 고급 레스토랑도 많고, 밤 문화도 대단합니다. 쇼핑을 즐길 수도 있으니 즐길 거리가 많죠.

05

나는 100만 원으로 크루즈 여행 간다

뜨거운 태양의 열정을 담은 남미 크루즈

PART 3_환상적인 럭셔리 크루즈 : 하와이에서 남극까지

최근 아시아, 미국, 캐나다, 유럽이 아닌 남미 여행이 각광받고 있습니다. 그 어느 지역을 가도 남미만큼 낯설고 이국적인 경험을 할 수는 없기 때문이라고 하네요. 남미 크루즈는 칠레, 아르헨티나, 포클랜드 제도를 기항지로 합니다.

프린세스 크루즈에는 육로 일정과 크루즈 일정이 함께 짜인 상품도 있습니다. 절반은 육로로, 절반은 크루즈로 남미 일대를 둘러보게 됩니다. 육로로 멕시코, 쿠바, 브라질, 페루, 칠레를 다니며 남미 특유의 분위기를 누리고, 크루즈를 타고 칠레, 아르헨티나, 포클랜드 제도를 여행하게 됩니다.

칠레 푼타아레나스

마젤란 해협에 위치한 푼타아레나스는 푸에고 섬의 우수아이아를 제외하면 아메리카 대륙 최남단의 도시입니다.

푼타아레나스에서 가장 유명한 것은 아무래도 펭귄입니다. 칠레 남부에서 가장 큰 펭귄 서식지로 알려져 있죠. 대략 6만 쌍의 마젤란 펭귄이 서식하고 있다고 합니다. 마젤란 펭귄을 가까이에서 볼 수 있는 투어도 있으니 특별한 경험이 되겠죠?

아르헨티나 우수아이아

남미 자연을 만날 수 있는 곳이라면 아무래도 우수아이아를 빼놓을 수 없습니다. '세계의 끝'이라고 알려진 우수아이아는 남미의 가장 남쪽 끝에 위치해 있습니다. 반드시 체크해둬야 할 포인트는 비글해협과 국립공원 티에라 델 푸에고입니다.

비글해협은 우수아이아와 맞닿아 있는데 펭귄, 바다사자, 가마우지 등 수많은 해양 생물들이 서식하는 곳입니다. 사람의 흔적이 없는 온전한 자연의 모습을 유지하고 있죠.

티에라 델 푸에고는 아르헨티나 유일의 해안 국립공원입니다. 눈 덮인 산과 침엽수, 폭포와 강, 산, 빙하까지 온갖 자연 풍광을 만날 수 있습니다.

우수아이아 – 티에라델푸에고

우수아이아

185

이과수 폭포

186
나는 100만 원으로 크루즈 여행 간다

아르헨티나 부에노스아이레스

부에노스아이레스의 별명은 '탱고의 도시'입니다. 이름만큼 열정적인 남미 특유의 감성이 넘치는 곳입니다. '라틴아메리카의 파리'라고 불릴 정도로 풍부한 볼거리가 있기도 합니다.

먼저 아르헨티나와 브라질 양쪽에서 볼 수 있는 세계 최대 폭포인 이과수 폭포의 장엄한 모습을 직접 볼 수 있습니다.

대통령궁 카사 로사다와 그 앞에 자리 잡은 5월의 광장에서는 부에노스아이레스 시민들의 모습을 관찰할 수 있습니다. 메트로폴리타나 대성당도 빼놓을 수 없죠. 들어가서 정면에 보이는 빨간 불꽃은 완공되었던 1827년부터 지금까지 꺼지지 않고 타오르고 있는 것으로 유명합니다.

탱고의 도시 부에노스아이레스

나는 100만 원으로 크루즈 여행 간다

영국령 포클랜드 제도

　아르헨티나에서는 포클랜드 제도를 '말비나스'라고 부른다고 합니다. 동서로 나뉜 큰 2개의 섬과 770여 개의 작은 섬들로 이루어진 군도입니다. 포클랜드 제도의 수도이자 최대의 도시는 스탠리인데요. 해안가의 펭귄이나 돌고래를 관찰할 수 있는 투어가 준비되어 있으니 참고하세요.

말비나스 광장

06

나는 100만 원으로 크루즈 여행 간다

눈과 얼음의 바다, 자연이 펼쳐진 남극

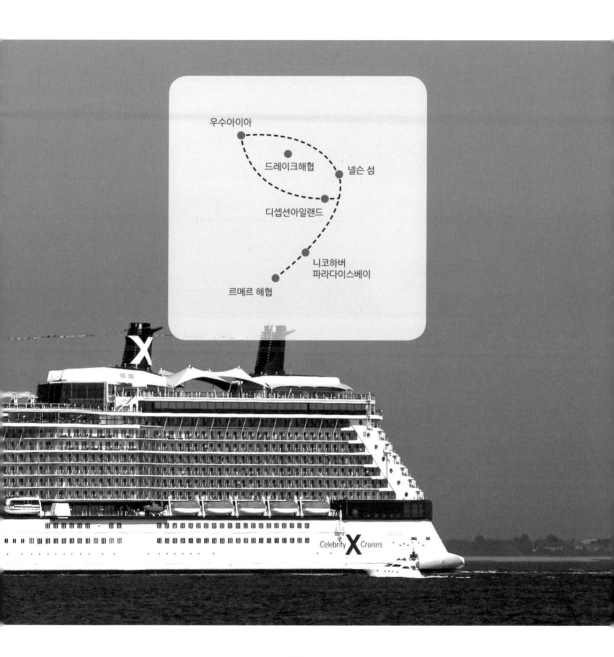

우수아이아
드레이크해협
넬슨 섬
디셉션아일랜드
니코하버
파라다이스베이
르메르 해협

191

불과 100여 년 전까지만 해도 남극 대륙은 일부 탐험가와 연구원들만의 지역이었습니다. 일반인들이 남극을 간다는 것은 말도 안 되는 일이었죠. 하지만 이제 남극으로도 크루즈 여행을 갈 수 있습니다. 물론 다른 크루즈와 비교했을 때 힘든 경험이 될 것이고, 비싸며 선택지가 많지 않습니다.

시기는 12월부터 2월이 적기입니다. 대부분의 남극 크루즈는 아르헨티나 부에노스아이레스와 우수아이아를 거쳐 남극 반도로 이동합니다. 기항지가 많지 않아 선상에서 보내는 시간이 깁니다.

나는 100만 원으로 크루즈 여행 간다

드레이크 해협

드레이크 해협

드레이크 해협은 남미 해역에서 남극해로 향하는 마지막 관문입니다. 남극을 향하

는 역사학자, 지리학자를 비롯한 연구원들과 선원, 여행자들이 모여드는 곳이죠.

남극의 파라다이스 베이

파라다이스 베이

파라다이스 베이는 이름 그대로 천국입니다. 잔잔한 바다에 장엄한 빙하 봉우리가 솟아있습니다. 남극 가마우지, 젠투펭귄, 바다표범, 물새들을 관찰할 수 있으며 운이 좋으면 물을 뿜으며 헤엄치는 혹등고래도 마주칠 수 있습니다.

나는 100만 원으로 크루즈 여행 간다

니코 하버

    젠투펭귄의 집단 서식지로 유명합니다. 하지만 젠투펭귄 외에도 갈매기, 가마우지, 물개, 고래 등을 조디악 보트를 이용해 가까이에서 볼 수 있습니다. 물론 손을 대거나 먹이를 주어서는 안 됩니다.

남극의 니코 하버

디셉션 아일랜드

디셉션 아일랜드는 화산의 분화구 한쪽이 무너져서 생긴 화산섬입니다. 10,000년 전 만들어진 이 섬은 말발굽 모양이 특징이죠. 검은 화산토가 인상적인 이 섬은 턱끈 펭귄의 집단 서식지입니다. 코끼리바다표범과 물개도 볼 수 있습니다.

디셉션 아일랜드

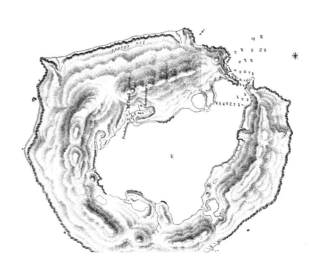

말발굽 모양의 디셉션 아일랜드

PART 4

싸고
쉽고
편한
크루즈 여행
준비의 모든 것

01

나는 100만 원으로 크루즈 여행 간다

여행 준비 시 반드시 기억해야 할 것들

PART 4_싸고 쉽고 편한 크루즈 여행 준비의 모든 것

여권 갱신 기간이 6개월, 기항지의 비자 필요 여부 확인!

여권을 꼭 확인해야 해요. 여권 갱신 기간이 최소 6개월이 남아 있어야 합니다. 동반인 중에 이런 경우가 있었습니다. 크루즈 터미널에 왔는데, 여권 갱신 기간이 5개월 남아 있었습니다. 체류 예정 기간에 따라 6개월 이하여도 방문하는 데 문제가 없는 곳도 있기에 공항에서는 통과가 됐습니다. 하지만 크루즈에 도착했을 때 남은 날짜가 6개월이 안 되는 게 문제가 되어 통과를 못한 거죠. 결국 돌아가게 됐습니다. 갱신 기간이 6개월 남았는지 반드시 확인하세요.

그 다음은 비자입니다. 여러분이 크루즈를 타게 되면 여러 나라를 돌게 됩니다. 그 나라마다 비자가 필요한지 아닌지, 몇 시간까지는 여행비자 또는 무비자로 가능한지 알아야 합니다. 요즘에는 몇 시간까지는 무비자인 나라가 많지만 여러 나라를 가게 되면 혹시 모르는 일이죠. 기항지 투어를 하실 거라면 그 나라의 무비자 조건 또는 비자를 발급받아야 되는지를 꼭 체크하고 가세요. 아예 배에서 내리지 못하는 경우가 발생합니다.

빠른 시일 내에 떠나고 싶다면?

'지금 당장 크루즈 여행을 떠날 수 있다!' 믿습니까? 관점을 바꾸면 갈 수 있습니다. 편안하게 제주도, 아니면 동남아 여행을 간다는 마음으로 지금 당장 크루즈 여행을 할 수 있습니다.

한국에서 출발을 하는, 정식으로 출발하는 크루즈는 없습니다. 여러분이 우연히 듣거나 알게 된 크루즈는 한국 관광사에서 선사에 배를 전세선으로 빌려와서 운영하는 것입니다. 그렇기 때문에 배가 출발하는 그 나라까지 가서 배를 타야 합니다.

일단 당장 크루즈 여행을 떠날 수 있다고 생각을 하려면 당장 가까운 출발지를 선택하면 됩니다. 중국이나 일본은 가까운 만큼 비행기 값이 저렴하잖아요. 그러면 언제든지 마음먹고 떠날 수 있습니다.

그리고 크루즈는 2박, 3박, 4박 이렇게 짧은 기간도 충분히 가능합니다. 그래서 여러분이 여행을 가고 싶다면 가까운 곳을 2박이나 3박 정도 예약을 하면 됩니다.

사실 첫 크루즈 여행은 너무 웅장하게, 너무 대단하게 계획할 필요도 없습니다. 기항지를 여행한다고 생각하시면 기항지에 대해 공부도 해야 되고 거기에 대해서 알아

PART 4_싸고 쉽고 편한 크루즈 여행 준비의 모든 것

야 도착을 해서 누리는 만큼 즐겁잖아요? 저도 첫 여행을 했을 때 기항지 투어를 했었지만 맛집을 실패할 때도 있고 걸어서 돌아다니는 게 고생이었습니다. 힐링 여행, 편하게 쉬고 마음의 여유를 갖기 위해서 하는 여행이라고 생각하면 그 짧은 기간에 기항지 투어까지 하면서 힘들게 몸을 혹사시킬 필요는 없을 것 같습니다. 왜냐하면 2박 3일 동안 크루즈만 곳곳 돌아보고 누리려고 해도 시간이 부족하거든요.

저는 첫 크루즈 여행을 14박 15일로 갔는데, 처음에는 공부를 하나도 안 하고 가서 크루즈가 굉장히 낯설었습니다. 결국 5~6일 동안은 제대로 누리지 못했습니다. 나중에서야 좀 알게 돼서 누리기 시작했습니다. 크루즈에 대해 공부를 하고 이용한다고 해도 2박 3일, 3박 4일 동안도 모든 것을 누리기에는 짧을 겁니다.

예약 선사의 루트를 보고 예약을 하죠? 그 선사의 홈페이지에 가면 그 배의 시설이나 이용할 수 있는 액티비티가 소개되어 있습니다. 수영장, 스파가 몇 개가 어디에 있는지, 뷔페는 몇 층인지, 쇼핑몰은 어디에 있는지. 크루즈는 굉장히 넓기 때문에 미리 배의 구조를 알고 가면 더 많이, 잘 누릴 수 있습니다.

네이버 카페 〈탐나는 크루즈 여행〉에 가입하면 100만 원대로 떠나는 크루즈 여행에 관한 모든 것을 알 수 있습니다. 크루즈 여행은 평생의 꿈이 아닙니다. 당장 떠날 수 있는 여행입니다. 방법만 안다면 누구나 국내 여행하듯 쉽게 다녀올 수 있습니다.

나는 100만 원으로 크루즈 여행 간다

크루즈 여행도 또 하나의 문화거든요. 그 문화를 즐긴다는 생각으로 가볍게 크루즈 여행을 계획하고 간다면 당신도 지금 당장 크루즈 여행을 떠날 수 있습니다.

14박 15일의 크루즈 여행지

나는 100만 원으로 크루즈 여행 간다

크루즈 여행의 필수 경비 4가지

PART 4_싸고 쉽고 편한 크루즈 여행 준비의 모든 것

　여러분이 크루즈 여행을 계획한다면 꼭 4가지 비용은 필수로 생각해야 됩니다. 이 네 가지 비용은 여러분이 피하고 싶어도 피할 수 없는 필수 경비이기 때문에 이 네 가지 비용에 대해서 반드시 알아야겠죠?

① 크루즈 비용

　크루즈 여행도 비행기 티켓과 마찬가지로 가격의 변동이 있습니다. 자리가 많이 남을 때는 할인이 되기도 하고, 일찍 예약을 하면 저렴하기도 하죠. 캐빈이 차기 시작하면서 가격이 점점 올라가기도 합니다. 저렴하게 예약하기 위해서 1년 전에 예약하는 분도 있어요. 성수기냐 비수기냐에 따라서도 가격이 많이 다르기 때문에 예약을 할 때 미리 알아두면 좋습니다.

　미리 예약을 해도 되지만 갑자기 가게 될 수도 있죠. 그럴 때 선사 사이트에 들어가서 보면 가격 할인도 많습니다. 캐빈을 다 채우지 못할 때는 한 달 정도 남겨놓고 갑자기 파격 세일해서 저렴한 가격에 나오기도 하죠. 한 명 갈 가격으로 두 명이 갈 수 있는 가격에 나오기도 합니다. 더 저렴하게 이용할 수도 있는 방법이 많습니다.

나는 100만 원으로 크루즈 여행 간다

또 하나, 여러분이 결제를 할 때 세금이 포함되어 있는지 확인해야 합니다. 보통 비행기 값에도 유류할증료, 항공세 등이 다 포함되어 있는데, 크루즈 여행도 세금이 포함되어 있습니다. 하지만 간혹 갑자기 너무 싸게 나온 상품이라면 이런 세금들이 포함되어 있는지 별도인지 꼭 확인을 해야 합니다.

크루즈 멤버십을 이용하면 더 싸게 이용할 수도 있는데, 이것에 대해서는 뒤에 더 자세히 설명해드릴게요.

② 비행기 티켓 비용

비행기 값도 중요하죠. 여러분이 비행기를 타고 출발하는 항구까지 가야 하기 때문입니다. 이걸 생각하면 근거리 크루즈 여행을 추천합니다. 알래스카, 지중해, 호주 등도 물론 좋지만 비행기 값이 굉장히 많이 들겠죠. 처음 여행이라면 중국, 일본, 싱가포르 등의 근거리 크루즈로 가면 비행기 값이 절약됩니다.

싱가포르도 멀기는 하지만 저렴하면 30~40만 원대에 갈 수 있잖아요. 가까운 곳을 가면 그만큼 비행기 값이 절약이 되기 때문에 여러분이 크루즈 여행 총경비를 생각했을 때는 굉장히 절약할 수 있는 방법이죠.

물론 비행기 티켓 자체는 일찍 끊을수록 저렴합니다. 특별한 할인이 아닌 이상, 날짜가 다가올 때 끊으면 굉장히 비싸집니다.

③ 공항에서 크루즈 터미널까지 이동 비용

예를 들면 여러분이 비행기를 타고 싱가포르에 도착을 했다고 하면, 싱가포르 공항에서 싱가포르 항구까지 가야겠죠? 그러려면 이동 수단이 있잖아요. 이 이동 수단에 따라서도 비용 차이가 납니다.

싱가포르에서 택시를 탔더니 밴 한 대가 한국 돈으로 7만 원이었습니다. 지하철은 2,500원 정도였죠. 단 지하철은 환승을 하는 경우가 많았기 때문에 2시간 정도 잡아야 하고, 택시를 타면 보통 30~40분이면 가죠.

일본도 마찬가지입니다. 하네다 공항에 내려서 요코하마 항구까지 가는 비용이 택시 한 대 당 8~9만 원이었어요. 대중교통을 이용하면 4~5천 원 선에서 가능하다고 합니다. 물론 시간이 차이가 있지만요.

즉, 조금 더 여유 있게 도착해서 대중교통을 이용한다면 보다 저렴한 크루즈 여행이 될 수 있습니다.

④ 선상 팁

선상 팁은 종종 크루즈 비용에 포함되어 있는 경우도 있습니다. 다만 선사에 다이렉트로 예약할 경우 팁이 별도인 경우가 있죠. 팁이 별도인 경우, 선사마다 다르지만 하선할 때 1박에 한 명당 12~15달러 정도입니다. 자동으로 계산되어 청구가 될 수 있으니 염두에 두셔야 합니다.

여러분이 룸 담당하는 분이랑 친해졌거나, 청소나 이런저런 일들을 좀 더 잘 부탁하고 싶다면 1달러, 2달러 정도 따로 팁을 주는 건 괜찮겠습니다. 다만 의무는 아닙니다. 팁은 하선할 때 별도로 계산하기 때문에 안 하셔도 됩니다. 그래서 굉장히 친절합니다. 팁을 다 받아가기 때문에 굉장히 친절하다는 것을 알고 있으면 좋겠죠.

크루즈 비용, 이동 경비, 비행기 값, 선상 팁, 이 네 가지는 반드시 드는 비용이라 필수 비용에 대한 정보를 알려드렸습니다. 나머지는 옵션입니다. 기항지 투어, 인터넷 비용, 주류, 쇼핑, 스파 이런 것을 이용하면 별도로 들겠죠. 여러분이 누리는 만큼 드는 비용입니다.

03

나는 100만 원으로 크루즈 여행 간다

크루즈 여행, 싸게 가는 비밀 노하우

PART 4_싸고 쉽고 편한 크루즈 여행 준비의 모든 것

크루즈 가격이 비싸다고 생각하는 이유는 한국 출발 크루즈를 보기 때문입니다. 사실 정식으로 한국에서 출발하는 크루즈는 없습니다. 일반적으로 접할 수 있는 효도 상품 등의 크루즈 상품은 국내 큰 여행사에서 몇 개의 항차를 전세선으로 빌려오는 것입니다. 그래서 금액이 높게 책정되어 있어요. 직접 선사에 예약을 할 때의 가격과는 완전히 다릅니다.

선사에 다이렉트로 예약을 하면 너무 싸서 놀랄 거예요. 그러면 선사에 다이렉트로 어떻게 예약을 할까요?

한국 총판을 운영하는 선사, 로얄캐리비안 선사(http://www.rccl.kr/)가 있습니다. 굉장히 잘 되어 있고 한국 홈페이지가 있어요. 싹 둘러보세요. 계산해보면 보통 1박에 10만 원~20만 원 정도라는 걸 확인할 수 있습니다. 생각했던 것보다 훨씬 싸죠.

그리고 크루즈 멤버십을 이용하는 방법이 있습니다. 크루즈 멤버십에 가입하면 100달러, 대략 11만 원 정도의 월회비를 매달 냅니다. 그 월회비를 적립해서, 적립된 금액으로 예약을 합니다.

매월 내는 것이니 큰돈 지출이 없어 부담이 없는 데다, 100달러를 내면 2배인 200달러를 적립해줍니다. 6개월 동안 600달러를 납입하면 1,200달러가 되죠. 그 비용을 가지고 크루즈 여행 상품을 예약해서 가는 겁니다. 크루즈 상품은 전 선사에 있는 3,000~5,000노선의 모든 크루즈 상품이 있습니다. 이 모든 상품을 최저가로 예약이 가능합니다.

부담 없이 가족들, 여행 가는 동료들 모두 여행 적금을 든다고 생각하고 매달 월회비를 내서 3~6개월 정도 모이면 그 적립금을 가지고 예약을 하는 겁니다. 앞에서 말씀드렸던 것처럼 여기에 비행기 값, 선상 팁 등만 별도로 드는 겁니다. 그래서 3~6개월마다 계속 크루즈 여행을 갈 수 있는 거죠.

크루즈 멤버십에 어떻게 가입하는지 알려드리겠습니다. 브라우저는 '익스플로러'보다 안정적이고 오류도 적은 '크롬'을 추천합니다.

① **인크루즈 사이트**(http://madame.incruises.com)**에 접속합니다.**

오류가 많아지기 때문에 크롬에서 제공하는 페이지 번역은 하지 않는 게 좋습니다. 홈페이지 상단에 사이트 언어를 한국어로 변경할 수 있습니다. 그리고 '지금 가입하세요'를 누르세요. madame.incruises.com으로 들어가면 권마담에 의해 초대되었다고 뜰 겁니다.

나는 100만 원으로 크루즈 여행 간다

② 가입 정보를 작성합니다.

이름은 여권에 나와 있는 영문 이름으로 쓰세요. 이메일이 아이디가 되기 때문에 중복 가입은 불가능합니다. 비밀 번호, 국가, 핸드폰 번호, 성별까지 작성하고 '지금 가입하세요'를 누르면 됩니다. 휴대전화로도 PC와 같은 화면으로 가입이 가능하니 참고해주세요.

모두 정상적으로 작성했는데도 페이지가 다음으로 넘어가지 않아도 당황하지 마세요. 화면을 끄면 됩니다. 가입은 완료되었을 거예요. 로그인 하면 로그인이 될 겁니다.

③ 로그인을 하면 첫 화면이 뜹니다.

　'멤버'는 앞서 말씀드린 월 100달러를 내고 200달러씩 적립 받는 옵션입니다. 일반 멤버십이죠. '파트너'는 월 100달러씩 내고 200달러씩 적립하는 것은 똑같습니다. 다만 가입 시 195달러를 한 번 결제하게 됩니다. 그러면 이 인크루즈 가입을 추천할 수 있는 권한이 생깁니다. 추천을 해서 여러분을 통해 가입한 사람이 5명이 되면 월 회비가 면제됩니다. 무료로 매월 200달러가 적립이 되는 거죠. 무료로 받은 적립금을 사용하면 공짜로 갈 수도 있겠죠?

　파트너 멤버십을 하지 않고 여행만 누리겠다, 혹은 5명 추천할 사람이 없다고 한다면 '멤버'로 하면 됩니다. 가입 당일 100달러, 이후 매월 100달러씩 지불하게 됩니다. '파트너'로 하게 되면 당일 295(100+195)달러, 이후 매월 100달러씩 지불하게 됩니다.

나는 100만 원으로 크루즈 여행 간다

④ 카드로 결제할 수 있게 창이 뜹니다.

해외 결제 가능한 카드로 해야 합니다. 'USD로 결제한다'에 동의하고 카드 정보를 쓰고요. CVV 세 자리, 유효기간을 쓰고 'PAY $ 100'을 누르면 결제가 되었다고 하고 가입이 자동으로 됩니다.

결제까지 하면 철회 가능기간을 고려한 14일이 지난 이후 부터는 크루즈 상품 예약을 할 수 있습니다. '글로벌 크루즈'에 가면 여러분이 예약할 수 있는 상품이 보입니다. 본 사이트를 통해 5,000개 이상의 노선을 최저가로 예약 가능합니다.

예를 들어 보겠습니다. 아무래도 아시아 쪽을 가면 근교니까 비행기 값이 저렴하잖아요. 선택해서 누르시면 다양한 상품들이 나옵니다.

이 상품의 경우 5월 출발이죠. 보통 2달 전에 마감을 하기 때문에 6개월 전부터 일찍 예약을 합니다. 1인당 가격이 이렇게 나와 있죠. 성인 2명으로 선택합니다. 캐빈은 방을 고르는 거죠. 성인 2명 가격이니까 한 명당 40~50만 원 가격입니다.

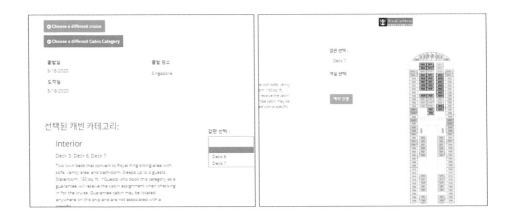

객실 선택을 누르면 Deck 6, Deck 7이 나오죠. 6층, 7층을 말하는 거예요. 남은 곳은 컬러가 들어가 있습니다. 예약을 할 수 있는, 남은 방인데요. 이렇게 배 모양을 볼

나는 100만 원으로 크루즈 여행 간다

수 있으니까 배의 선미, 선수를 보고 예약하면 돼요. 보통 중간 부분이 움직임이 덜 느껴지고 이동이 편리하여 중간이 가장 빨리 예약되고, 그 다음에는 선미를 선호합니다. 뒤쪽에 보통 뷔페나 레스토랑이 있어서 이동하기 굉장히 편하기 때문입니다. 그러나 수영장 등은 앞쪽에 위치한 경우가 많기 때문에 고려하면 됩니다.

층별로 다 호수를 볼 수 있으니까 원하는 방을 보고 그 호수에 맞게 골라서 예약을 하면 됩니다. 2명 가격인데 이 가격이잖아요. 너무 저렴하죠. 크루즈가 원가로 예약을 하면 굉장히 저렴하거든요. 앞에서 말했던 크루즈 적립금을 사용할 수도 있습니다. 이렇게 해서 예약 진행을 하면 승객 정보를 쓰게 되어 있고요.

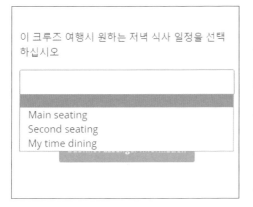

식사 시간을 선택할 수 있습니다. 보통 Main seating은 6시 또는 6시 반이고, Second seating은 8시 반입니다. My time dining으로 하면 예약하지 않고 6시~9시 사이에 자유롭게 가서 먹겠다는 의미입니다.

여러분, 반드시 알아두세요. 선사에 직접 예약을 하면 엄청 저렴하게 예약을 할 수 있고, 멤버십을 사용하면 더 많은 혜택을 받기 때문에 저렴한 가격, 또는 무료로 여행할 수 있습니다.

04

나는 100만 원으로 크루즈 여행 간다

크루즈에는 어떤 객실이 있을까?

PART 4_싸고 쉽고 편한 크루즈 여행 준비의 모든 것

크루즈 여행을 계획하기 전에 알아두어야 할 것 중에 하나가 객실입니다. 크루즈는 63빌딩만큼 크기 때문에 객실도 다양하게 준비해두고 있습니다.

먼저 기본적인 용어를 알아봅시다. 크루즈에서는 방을 캐빈이라고 합니다. 크루즈 내부의 객실(Cabin)의 종류는 크게 이렇게 나뉩니다.

① 인사이드 룸(Inside room) : 창문이 없는 룸

② 아웃사이드 룸(Outside room) : 창문이 있지만 열리지 않는 룸

③ 발코니 룸(Balcony room) : 발코니가 있어 외부로 나가 바다 감상이 가능한 룸

④ 커넥팅 룸 : 캐빈과 캐빈 사이를 연결할 수 있는 룸

⑤ 어드조이닝 룸 : 캐빈 옆에 바로 다른 캐빈이 붙어 있는 룸

커넥팅 룸과 어드조이닝 룸은 가족끼리 여행을 갈 때 선택하면 좋습니다. 비슷한 개념이지만 조금씩 달라요. 커넥팅 룸은 방을 분리하되, 문을 하나 없애면 연결이 됩니다. 어드조이닝 룸은 방문이 따로 있는 객실입니다. 문을 나오면 다른 문에 방이 하나 더 있는 거예요. 커텍팅 룸처럼 연결은 할 수 없습니다. 싱글 룸이 하나 있고, 3~4명이 잘 수 있는 방 또 따로 문으로 분리되어 있는 거죠.

그러면 조금 더 자세하게 알아봅시다.

창문이 스크린 형식으로 되어있는 스튜디오 룸

창문이 스크린 형식으로 되어있는 스튜디오 룸

발코니가 있는 스튜디오 룸

① 스튜디오(싱글) 룸

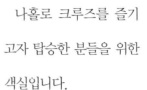

나홀로 크루즈를 즐기
고자 탑승한 분들을 위한
객실입니다.

공간은 작지만 화장실, TV, 전
기포트 등 있을 건 다 있습니다.

싱글 룸의 경우 창문이 없는 내
측에 위치한 경우가 많지만, 모든
선사가 그런 것은 아니기에 탑승
전 확인을 해보는 게 좋습니다.

크루즈 여행을 꼭 연인이나
가족과 오란 법은 없죠!

② 인사이드 룸

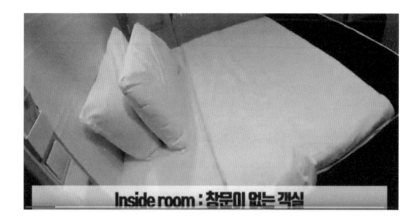

가족, 연인과 함께 묵을 수 있는 크기의 방입니다. 아쉽게도 객실에서는 바다를 바라볼 수 있는 창문이 없다는 단점이 있습니다. 대신 창문이 있는 오션뷰, 발코니룸에 비해 저렴하다는 장점이 있습니다. 선사에 따라 창문을 대신할 모니터를 배치해두기도 하지만 가성비를 생각한다면 나쁘지 않은 선택일 수 있습니다.

창문 대신 거울이 있는 인사이드 룸

③ 오션뷰 룸

오션뷰 룸부터 창문을 통한 외부 조망이 가능합니다. 발코니처럼 외부로 나갈 수는 없으나 창문이 있기 때문에 언제든 커튼을 걷으면 푸른 수평선을 바라볼 수 있다는 장점이 있습니다. 단 안전을 위해 창문은 열리지 않습니다.

창문 밖 바다가 보이는 오션뷰 룸

트윈베드 오션뷰 룸

4인 가능한 오션뷰 룸

오션뷰 룸 창문을 통해 바라본 경치

④ 발코니 룸

크루즈 승객들이 가장 원하는 이상적인 형태의 룸이 바로 '발코니 룸'입니다. 창문을 열고 나가면 바다를 바로 볼 수 있는 발코니가 있죠. 대부분 발코니에 선베드와 탁자를 갖추고 있어서 바다를 바라보며 일광욕이나 식사, 와인 파티 등이 가능합니다. 크루즈의 로망을 실현 가능한 룸이라고 할 수 있습니다.

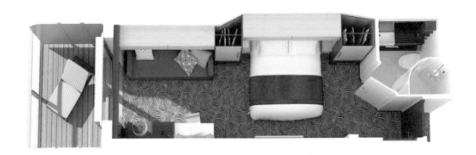

발코니 룸 구조

⑤ 주니어 스위트 룸

이 방은 저희가 묵었던 주니어 스위트룸인데요~!

주니어 스위트 룸은 스위트 룸보다는 작지만 발코니 룸보다는 큰 객실입니다. 발코니를 갖추고 있으며 방 크기가 큰 만큼 일반 객실에 없는 가구, 물품들이 다수 구비되어 있습니다. 큰 방을 원하지만 스위트 룸은 부담스러운 여행객에게 안성맞춤입니다.

발코니가 있는 주니어 스위트 룸

⑥ 스위트 룸

객실계의 끝판왕! 스위트 룸입니다. 선사마다 특징이 다르겠지만 발코니가 넓고, 복층 구조를 가진 스위트 룸도 있습니다. 스위트 룸 승객부터 VIP로서 특별 조식, 무료 셀프바, 영화 및 음악 대여 서비스를 받을 수 있는 컨시어지 클럽 출입과 뷔페, 레스토랑 출입 및 공연 관람 시 자리 혜택, 하우스키핑 시 디저트 제공 등의 혜택이 있습니다. 어디를 가더라도 줄을 안 서고 입장시켜주고, 옥션 경매가 있다면 안내문도 별도로 보내줍니다. 선사마다 VIP 혜택이 다르니 참고하세요.

아파트처럼 넓은 객실과 발코니, 그랜드 피아노마저 배치되어 있었습니다. 화장실 역시 마찬가지 최고급입니다. 이런 객실에서 즐기는 크루즈 여행이라면 100번도 갈 수 있을 것 같습니다.

방에서는 잠만 자겠다는 분이라면 가장 저렴한 인사이드 룸을 이용하면 되겠죠. 그래도 나는 좀 뷰는 보고 싶네, 그러면 아웃사이드 룸 가면 됩니다. 아이가 있거나 해서 환기가 필요하고, 발코니에서 책도 보고, 커피도 마시면서 즐기고 싶다 하는 분들은 발코니 룸을 선택하면 되겠죠.

선사마다 룸을 지칭하는 용어나 종류가 상이할 수 있으니 꼭 확인하고, 여러분과 가장 잘 맞는 룸을 선택하길 바랍니다.

스위트 룸 화장실 ▼

▲ 스위트 룸 침실

스위트 룸 발코니 ▼

▲ 스위트 룸 거실

▲ 스위트 룸 화장실

PART 4_싸고 쉽고 편한 크루즈 여행 준비의 모든 것

05

나는 100만 원으로 크루즈 여행 간다

내게 딱 맞는 크루즈 객실 고르는 법

PART 4_싸고 쉽고 편한 크루즈 여행 준비의 모든 것

크루즈 여행을 간다고 마음먹으면 어떤 객실을 예약해야 될지 고민
이 되시죠? 여러분들이 아셔야 할 7가지 팁을 준비해봤습니다.

첫째, 배의 평면도를 보고 필요에 따라 객실을 정하세요

비행기 티켓 예약할 때 미리 좌석을 볼 수 있잖아요. 크루즈 예약 같은 경우에도 똑
같이 그 평면도를 볼 수가 있습니다. 예약을 할 때 몇 층인지, 배의 앞인지, 중간인지,
뒤인지 봐야 합니다. 워낙 배가 크기 때문에 평면도를 보고 자주 이용할 시설과 가까
운 곳에 예약하는 게 좋겠죠.

둘째, 조용한 곳을 선택하세요

크루즈에서는 다양한 액티비티가 있고, 클럽, 극장, 쇼핑몰 등 저녁까지 운영하는
곳도 많습니다. 그 부근에서 숙박을 하면 아무래도 소음에서 자유롭지 못하겠죠. 시
끄럽습니다. 그리고 배 엔진이 있는 곳 근처에 있는 객실은 아무래도 엔진의 소리가
가깝게 들리기 때문에 소음을 심하게 느낄 수 있습니다. 그래서 조용한 곳을 선택하고
싶다면 클럽이나 극장 주위, 엔진 룸이 있는 곳은 피해야 합니다. 보통 고층으로 올라
갈수록 그런 곳과 멀어지겠죠.

셋째, 예산에 맞는 객실을 선택하세요

인사이드 룸, 오션뷰 룸, 발코니 룸, 스위트 룸이 있는데 당연히 가격 차이가 납니다. 정돈하고 청소하는 담당자는 정해져 있어서 어느 룸을 선택하든 늘 청소가 이루어지고, 서비스 같은 경우에는 스위트 룸 말고는 거의 비슷하기 때문에 예산에 맞는 객실을 꼭 선택하세요.

넷째, 객실의 사이즈도 고려하세요

같은 종류의 객실이라도 크기가 다르므로 가격도 다릅니다. 배가 직사각형이 아니고 타원형이니 앞쪽 같은 경우는 같은 룸이라고 해도 방의 크기가 조금은 작겠죠. 그래서 저는 객실의 앞부분보다는 뒷부분을 선호하는 편입니다.

다섯째, 자신의 성향에 따라서 객실 종류를 선택하세요

먼저 크루즈의 로망을 가장 잘 실현할 수 있는 발코니 룸입니다. 방 외에 발코니가 따로 있기 때문에 바다에 있다는 느낌을 만끽할 수 있습니다.

오션뷰의 경우 바다는 보이지만 창문은 열리지 않습니다. 그리고 여러 가지 구조물 등으로 바다가 가려지거나 빛만 들어오는 객실이 있을 수 있으니 주의하세요.

인사이드 룸의 경우, 창문이 없습니다. 바다를 볼 수 없죠. 단점이 될 수도 있지만 성향에 따라 장점이 될 수 있습니다. 먼저 영화 감상을 좋아한다던가 낮에 잠을 자고 싶다면 좋습니다. 불을 끄면 낮이고 밤이고 어두우니까요. 그리고 멀미가 심한 분들의 경우 뷰가 없기 때문에 멀미를 예방할 수 있습니다.

여섯째, 객실 위치를 잘 보세요

대부분의 배 앞부분에는 나이트클럽, 극장, 액티비티 시설 등을 배치해두고 있고, 뒷부분에는 뷔페나 식당 정도만 배치하고 있습니다. 아무래도 앞쪽이 조금은 더 시끄럽습니다. 평면도를 반드시 확인해야 합니다. 만약 배의 앞부분이라도 액티비티가 없다면 또 괜찮을 수도 있습니다. 엘리베이터 가까운 곳도 이동이 편할 수는 있지만 사람들이 많아서 시끄러울 수 있습니다.

일곱째, 이용 인원을 파악하고 고려해서 예약하세요

여러분이 가족 단위로 혹은 커플 단위로 함께 여행을 간다면 주의해야 될 게 있습니다. 아무래도 같이 가게 되면 가까운 객실을 이용하면 좋죠? 그런데 크루즈는 63빌딩을 눕혔을 때보다 더 큰 배이기 때문에 방을 지정하지 않고 예약을 하게 되면 끝과 끝 방으로 배정받을 수도 있습니다. 그러면 왔다 갔다 하는 데 10~15분 걸리기도 합니다. 이렇게 방을 2개 이상 잡아야 하는 경우에는 평면도를 보고 꼭 지정해서 예약을 해야 합니다. 가능한 한 가까운 층수의 가까운 방. 가까운 층수를 못한다면 엘리베이터 근처로 예약을 하면 7층, 8층이라고 해도 금방 왔다 갔다 할 수 있잖아요. 층이 달라도 오히려 가깝게 동선을 짧게 하는 게 굉장히 중요합니다. 가족을 위해 크기가 큰 방을 운영하는 선사도 있으니 확인하세요. 앞에 소개했던 것처럼 커넥팅 룸도, 어드조이닝 룸도 좋겠죠.

혼자, 혹은 둘이서 여행을 가는데 인사이드 룸이든 오션뷰 룸이든 별로 상관이 없다고 하면 개런티 캐빈으로 예약하는 방법도 있습니다. 지정을 못 받은 캐빈을 말합니다. 일반 가격보다는 저렴합니다. 미리 예약할 때는 가격이 정해져 있지만, 어느 정도 방이 다 차게 되면 싼 가격의 캐빈은 없어지고 중간 단계의 가격부터 보여주는 경우가 있거든요. 이럴 때는 싼 가격의 캐빈을 예약하지 못하는 것이 아니라, 따로 개런티 캐빈이라고 표기가 뜹니다. 그것을 누르면 여러분이 객실을 선택을 할 수는 없습니다. 남는 캐빈을 보고 나중에 알아서 지정을 해주거든요. 대신 싸죠.

기억해두세요. 개런티 캐빈, 내가 원하는 선실은 지정하지 못하나 가격이 저렴하다! 물론 위치를 지정할 수 있는 싱글 룸을 운영하는 선사도 있으니, 1인 여행객이라면 확인해야 합니다.

객실을 예약할 때도 꼭 이렇게 많이 주의할 점을 보고 여러분에게 꼭 맞는 객실을 예약해서 가장 편안하고 가장 안전하고, 가장 즐거운 크루즈 여행이 되었으면 좋겠습니다.

06

238
나는 100만 원으로 크루즈 여행 간다

크루즈 탑승 절차, 이것만 알면 된다!

PART 4_싸고 쉽고 편한 크루즈 여행 준비의 모든 것

크루즈에 탑승할 때도 비행기 탑승과 마찬가지로 '체크인' 과정을 거칩니다. 그 과정을 설명해드리도록 하겠습니다. 영어를 할 줄 모르거나, 영어 외의 언어를 써야 해서 의사소통이 어렵다면 음성 인식이 되는 번역기 앱을 미리 준비해서 가는 게 좋습니다.

크루즈 터미널에 도착하면 짐부터 부치고 체크인을 합니다. 'LUGGAGE DROP-OFF' 표시가 되어 있기도 합니다. 짐을 옮겨주는 분들을 '포터'라고 하는데요. 포터분들에게 짐을 주면 됩니다. 짐에 붙이는 태그는 미리 준비하지 않아도 포터들이 알아서 해주지만, 크루즈 예약 시 태그 역시 미리 출력이 가능하기에 미리 준비해오면 빠른 처리가 가능합니다.

짐을 붙일 때 주의점은 주류 반입이 일절 불가하다는 것입니다. 물이나 음료는 괜찮지만, 맥주나 와인 등의 주류는 결코 보안 검색대를 통과할 수 없습니다. 기항지에서 내렸다 다시 승선할 때도 마찬가지이니 주의하세요.

짐을 부친 후에는 본격적으로 체크인을 하러 갑니다. 그 전에 검역 질문서를 작성해야 합니다. 건강 상태를 체크하는 양식입니다. 18세 이상이라면 모두 직접 작성해야 합니다. 사이트에서 검역 질문서 샘플을 꼭 확인하고, 정확하게 기입하세요. 체크인 터미널에 비치되어 있는 경우가 많습니다.

체크인 시 필요한 것을 확인합니다.

① 승선 서류(+검역 질문서)

② 여권

③ 신용카드(해외 결제가 가능한)

④ 여권 사본

①, ②번은 필수이지만 ③번 신용카드의 경우 선사별로 체크인 시 또는 승선 후 선내에서 필요 여부가 달라집니다. 물론 현금결제도 가능합니다. 체크해보는 것이 좋습니다. ④번 여권 사본은 필요시에 터미널에 복사하는 곳이 있으므로 거기서 복사를 해도 됩니다.

체크인 카운터에 준비한 서류(예약 확인증과 여권, 또는 여권 사본)를 제출합니다. 신용카드 등록은 일반적으로 선내 탑승 후 이루어집니다. 체크인을 마친 뒤엔 크루즈 승선카드를 받게 되는데요. 승선카드에 대해서는 바로 뒤에서 자세히 설명드릴게요.

07

나는 100만 원으로 크루즈 여행 간다

크루즈 여행이 쉬워지는 3가지 비밀

PART 4_싸고 쉽고 편한 크루즈 여행 준비의 모든 것

크루즈 여행은 공부를 해서 아는 만큼 누릴 수 있습니다. 모르면 놓치는 것도 굉장히 많습니다. 왜냐하면 모든 방송과 서류가 영어이기 때문이죠. 영어를 잘하거나 천천히 숙지할 시간이 있다면 괜찮겠지만, 여행 쉽게 하려면 미리 꼭 공부를 하고 가면 굉장히 즐겁게 크루즈 여행 100배 즐기기가 가능합니다.

① 승선카드

앞에서 잠깐 설명드렸던 승선카드입니다. 체크인 할 때 또는 승선 후 승선카드를 발급받게 되는데, 승객 이름과 이용하게 될 다이닝 타입 및 테이블 번호, 안전대피 장소 등이 등록되어 있습니다. 신분증 역할도 하죠. 단순히 객실 카드가 아니라 기항지와 배를 오갈 때 신분증으로도 기능하고, 객실 및 선내 유료 시설을 이용할 때 결제 수단으로도 쓰이니 절대 분실하지 않도록 주의하세요. 만약에 분실 시 데스크에 문의한 뒤 분실 신고를 하고 새로 발급 받을 수 있습니다.

팁을 하나 드리자면, 신분증, 룸 키, 결제 수단 역할을 하니 목에 거는 카드 지갑을 가져가면 정말 편합니다. 문을 열고 닫는 데도 사용하고, 기항지에 내리는 등의 경우에 신분 확인에도 쓰고, 결제에도 쓰이니 승선카드를 항상 가지고 다녀야 편하겠죠.

PART 4_싸고 쉽고 편한 크루즈 여행 준비의 모든 것

② 선상신문

가장 즐겁게, 알차게 크루즈 여행을 누리려면 첫날 오자마자 위치 파악을 해야 합니다. 어디에 뭐가 있고, 언제 무엇을 하고. 약도는 보통 엘리베이터 타는 곳에 그림으로 나와 있기도 합니다.

가장 좋은 방법은 방마다 있는 선상 신문입니다. 매일 선상 신문 외에도 필요한 자료를 항상 침대나 테이블 위에 헬퍼들이 올려놓고 가거든요. 그날의 날씨와 여행 일정, 무엇을 해야 하는지가 다 나와 있어요. 매일 배달이 되기 때문에 자기 전에 선상 신문을 보면서 그 다음날 일정을 파악합니다.

뷔페 같은 경우도 브런치, 점심 식사, 저녁 식사 시간이 몇 시부터 몇 시까지 운영한다고 적혀 있어요. 메뉴가 바뀌는 시간입니다. 어떤 이벤트가 있는지도 시간별로 다 나와 있습니다. 댄스 타임이 있을 수도 있고, 게임이 있을 수도 있고, 운동이 있을 수도 있죠. 프로그램이 굉장히 많으니 잘 파악을 해두면 좋겠죠. 그래야 스케줄에 맞춰서 내가 원하는 이벤트, 구경하고 싶은 것이 있는 곳에 갈 수 있습니다. 예를 들면 6시 15분, 8시 45분에 '드림스'라는 콘서트를 하고, deck 9에서 한다. 9층에서 한다는 이야기입니다.

기항지에 내리는 날이면 기항지 투어에 대해서도 나옵니다. 몇 시에 나가서 몇 시까지 와야 된다, 나갈 때 승선카드와 여권이 필요하다, 입국신고서도 필요하다…. 이런 정보가 모두 다 있어요.

만약에 기항지 가고시마에 들리는 날이라고 할게요. 그러면 이렇게 써 있습니다. '오후 1시에 도착을 하고 오후 6시 반에 온보드를 해야 된다. 실제로 배는 7시에 출항을 하고, 30분 전까지 오면 된다.' 이런 것들을 잘 알고 가셔야 시간에 맞춰서 배를 탈수 있겠죠?

PART 4_싸고 쉽고 편한 크루즈 여행 준비의 모든 것

③ 인터넷

크루즈에서는 인터넷이 될까요? 기항지에 내리는 날에는 신호가 잡히지만 바다에 떠 있을 때, 항해 중에는 인터넷뿐만 아니라 통신이 전부 끊깁니다. 포켓 와이파이, 해외 로밍 서비스, 전화, 문자 전부 안 됩니다. 수신 신호 자체가 잡히지 않습니다. 실제로 저는 배에서 쓰려고 포켓 와이파이를 대여했다가 연결되지 않아서 낭패를 본 적도 있습니다.

인터넷이 24시간 사용 가능한 라이브러리 등 공간이 따로 되어 있는 배도 있지만, 기본적으로 선상에서 필요한 인터넷은 따로 구입해야 합니다. 기항지 투어를 많이 할 거라면 포켓 와이파이를 대여해와도 되지만, 배에만 있을 거라면 배에서 와이파이를 구입하면 좋습니다.

인터넷에 대한 안내문은 방마다 있으니 참고하면 되고, 아니면 데스크에 가서 직접 물어보면 바로 잡아줍니다. 또는 사이트에 들어가서 자동으로 결제를 합니다. 선사 인터넷 비용이 저렴하지는 않습니다. 하루에 2~3만 원, 정말 비싼 곳은 4~5만 원씩 하기도 합니다. 하지만 항해 중에도 인터넷이 가능해지니까 업무를 봐야 한다든가, 번역기 앱 등을 써야 한다든가 꼭 필요한 분들이라면 여행 경비에 아예 포함시켜놓으면 좋습니다.

나는 100만 원으로 크루즈 여행 간다

물론 거의 하루 걸러 하루 꼴로 기항지에 닿기 때문에, 반나절 정도는 인터넷이 되지 않아도 상관 없다면 굳이 구입하지 않아도 됩니다. 기항지에서도 포켓 와이파이가 없어도 터미널이나 카페, 식당 등에 무료 와이파이가 설치된 곳이 있기 때문에 틈새로 쓸 수 있습니다.

포켓 와이파이는 한 명이 예약을 하면 그 코드로 여러 명이 나눠서 쓸 수 있습니다. 방마다 하나씩 해서 나눠 가지는 것도 괜찮고, 여러 명이 가서 여러 방을 예약했는데 방이 떨어져 있으면 안 될 수도 있으니까 그런 것을 감안해서 대비를 하는 것이 좋습니다.

승선카드와 선상 신문,

인터넷! 꼭 기억해두세요.

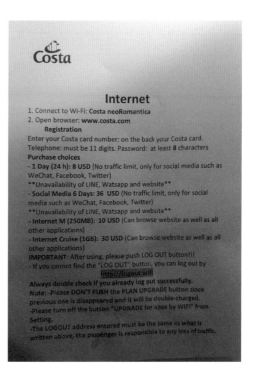

PART 5

이것만 알면
완벽한
크캉스를
누릴 수 있다!

01

나는 100만 원으로 크루즈 여행 간다

크루즈에서 이런 게 다 무료다!

PART 5_이것만 알면 완벽한 크캉스를 누릴 수 있다!

놀 것 많고, 먹을 것 많고, 즐길 것도 너무 많은 크루즈 여행! 어떤 것들을 크루즈 내에서 공짜로 이용할 수 있을까요?

① 각종 먹거리류

잘 먹고 잘 잘 수 있는 게 크루즈 여행의 최대 장점이죠. 크루즈 내의 다양한 먹거리들이 무료로 제공됩니다. 대부분의 식사와 간식이 공짜입니다.

수십 가지 종류의 음식과 과일이 제공되는 뷔페는 물론 5성급 호텔이 부럽지 않은 정찬 레스토랑도 마찬가지입니다. 모두 무료로 이용하실 수 있습니다. 매일매일 메뉴가 달라서 매일 와도 새롭게 먹을 수 있는 게 많아요.

그리고 24시간 운영되는 스낵바가 있습니다. 스낵바에서는 물부터 커피, 차, 빵, 피자 등 다양한 종류의 먹거리가 계속 무료입니다. 여러분이 먹고 싶을 때 언제든지 가서 먹을 수 있죠. 정말 살찔 걱정만 하면 됩니다.

PART 5_이것만 알면 완벽한 크캉스를 누릴 수 있다!

② 다양한 액티비티 시설들

다양한 액티비티 시설들도 무료입니다. 대표적으로 크루즈의 자랑, 수영장이 있습니다. 실내도 있고, 실외도 있습니다. 배 위에서 바다를 보면서 수영을 합니다. 노천탕은 기본으로 있고 제가 갔던 로얄캐리비안에서는 서핑을 체험할 수 있는 액티비티를 배울 수도 있었습니다. 농구장, 축구장 같은 구기 종목들도 있고, 비디오게임도 있습니다. 아이들도 마음껏 즐길 수 있죠. 로얄캐리비안에는 범퍼카도 있고, 클라이밍 시설까지 있습니다.

단, 선사나 선박 종류에 따라 유료로 제공되는 액티비티 시설도 있으니 미리 꼭 살펴보기 바랍니다.

크루즈 서핑 액티비티

▲ 크루즈 축구장

▲ 크루즈 헬스장

▲ 크루즈 암벽타기

▲ 크루즈 농구장

PART 5_이것만 알면 완벽한 크캉스를 누릴 수 있다!

③ 각종 공연들과 댄스파티

매일매일 제공되는 공연들과 댄스파티도 빼놓을 수 없습니다. 저녁이 되면 다양한 볼거리들이 제공됩니다. 역시나 입장료 없이 무료로 관람이 가능합니다. 공연들은 하루에 2번씩 제공이 되는데, 뮤지컬, 연극, 연주회 외 스탠드업 코미디 등 브로드웨이 못지않은 퀄리티로 정말 최고의 공연을 볼 수 있습니다. 한국에서 돈 주고 보는 것보다 더 화려합니다. 실제로 미국이나 영국에서 공연하는 분들이 직접 배를 타서 공연을 하기 때문이죠. 중요한 것은 매일매일 공연이 다르다는 겁니다. 그래서 매일 공연만 봐도 아마 충분히 만족스러운 여행이 될 겁니다.

나는 100만 원으로 크루즈 여행 간다

저는 처음에 몰랐다가, 뒤늦게 보고는 공연들에 완전히 반해서 남은 3일간 매일 챙겨봤습니다. 하루는 마술, 하루는 서커스, 하루는 댄스를 봤습니다. 너무 좋았거든요.

저녁 시간이 되면 곳곳에 흥겨운 댄스 파티가 열리는데 여러분도 언제든지 참여할 수 있고 즐거운 시간을 보낼 수 있습니다. 나이트 클럽도 있지만 이 밖에도 춤출 수 있는 곳이 많습니다. 심지어는 한국 노래도 나와서 너무 즐겁게 놀았던 기억이 있네요. PSY 음악이 나올 때는 모두가 열광을 했습니다. 단, 입장료는 무료이나 주류는 유료라는 점 참고하세요.

PART 5_이것만 알면 완벽한 크캉스를 누릴 수 있다!

④ 24시간 룸서비스

룸서비스가 24시간 됩니다. 특히 많이 이용하게 될 룸서비스는 아침 식사 주문인데요. 아기를 데리고 뷔페에 가려면 너무 힘들잖아요. 조식을 배달시켜 놓으면 편합니다. 저는 임신 6개월인 상태로 아이 2명과 갔는데, 10시까지 조식을 먹어야 한다고 해서 아이들을 데리고 준비해서 내려가서 먹고 그랬거든요. 나중에는 룸서비스가 된다는 걸 알고 많이 시켜서 남은 건 낮에도 먹고, 저녁에도 먹었습니다.

아침 식사는 보통 7시~10시까지, 또는 6시~10시까지 원하는 시간에 배달 받을 수 있습니다. 룸에 들어가면 아침 식사를 주문할 수 있는 주문서가 있어요. 거기에 보면 방 번호, 원하는 시간, 원하는 식사 메뉴에 표시하면 됩니다. 에그 종류부터 우유, 음료수, 과일 등 다 배달됩니다. 잠자기 전에, 보통 새벽 2시~3시 전까지 문 밖에 걸어두면 회수해서 원하는 시간에 주문대로 배달을 해주는 거죠. 다 먹고 나면 방 또는 문 앞에 놓아두면 회수를 해갑니다.

룸서비스 신청은 전화로 해도 되고, 객실에 따라 TV 모니터의 인포테인먼트를 통해서 할 수도 있습니다.

선사마다 다르긴 한데, 12시, 6시 늦은 시간에 주문할 때는 late charge라고 해서 3~4불 정도 받는 경우도 있습니다. 그러나 대부분 24시간 룸서비스를 무료로 제공하고 있습니다.

여러분이 활용하기 나름이에요. 룸서비스를 많이 활용하셔서 편안하게 크루즈 방에서도 많이 누리면서 다양한 경험을 꼭 해보시길 바랍니다.

⑤ 룸 청소

청소는 호텔보다도 더 수시로 이루어집니다. 호텔은 하루에 한 번 한다면 크루즈에서는 여러분이 자리를 비울 때마다 담당 청소부가 수시로 마스터키를 찍고 들어와서 청소를 해줍니다. 침구 정리, 룸 정리, 어메니티(객실에 비치된 생활 편의시설) 교체까지.

청소 서비스 관련해서 제공되는 자석 또는 종이가 있습니다. 나갈 때 문에 걸어놓거나, 문에 붙여주면 방 청소를 해줍니다. 청소 안 해도 되니 들어오지 않았으면 좋겠다고 생각한다면 'Do not disturb'라고 표시해놓으면 출입을 안 합니다.

특히 저녁에 룸을 정리해주는 서비스를 '턴다운'이라고 하는데, 간혹 꽃을 세팅해놓거나 타월을 코끼리나 오리 모양으로 만들어서 침대에 올려놓더라고요. 들어왔을 때 귀여운 게 만들어져 있으니 기분이 좋았습니다. 저에게는 색다른 경험이었답니다!

⑥ 선사에서 직접 제공하고 있는 환전 서비스

선내에서는 승선카드로 모두 결제되지만, 세네 군데의 기항지를 들러서 관광을 할 예정이라면 그 나라에서 쓰는 돈, 즉 환전이 필요하겠죠?

선사에 환전 서비스가 마련되어 있습니다. 전문 업체가 들어와 있는 경우도 있지만 대부분 교육을 받은 직원이 있어서 데스크에 가면 환전 업무를 해줍니다. 환차익을 보기 위해서 환전 업무를 하는 것은 아니기 때문에 크게 차이가 나지는 않지만 그래도 항구에서 환전하는 것보다 조금 비싸겠죠.

사실 요즘에는 대부분 신용카드를 사용하니까, 해외에 나가도 신용카드로 쓰면 되죠. 그런데 따로 팁을 주거나 할 때도 현금이 필요하니 약간의 환전 서비스는 이용해도 좋습니다.

크루즈에서 무료로 즐길 수 있는 것들에 대해 알아보았습니다. 웬만한 것들은 다 무료이므로 정말 가성비 좋은 최고의 크루즈 여행을 즐길 수 있습니다.

저는 크루즈가 처음인 사람들을 위해 크루즈 여행 정보를 공유하는 네이버 카페 〈탐나는 크루즈 여행〉을 운영 중입니다. 2~3박 일정은 물론 배낭여행, 신혼여행, 효도여행, 가족여행으로 가성비 좋은 여행 정보를 얻을 수 있습니다. 현재 SNS, 메일과 쪽지로 해외와 전국 각지에서 문의를 해오고 있습니다. 여러분도 궁금한 사항을 문의한다면 자세하게 알려줄 것입니다.

나는 100만 원으로 크루즈 여행 간다

PART 5_이것만 알면 완벽한 크캉스를 누릴 수 있다!

02

나는 100만 원으로 크루즈 여행 간다

유료로 즐기는 색다른 크루즈

PART 5_이것만 알면 완벽한 크캉스를 누릴 수 있다!

무료 서비스보다 더 궁금한 유료 서비스입니다. 돈을 내고 여러분이 누릴 수 있는 것들이죠.

① 인터넷 사용

앞에서 말씀드렸던 것처럼 크루즈는 자체 와이파이 망을 보유하고 있습니다. 이 서비스는 유료로 제공되고 생각보다 가격이 높고, 선사마다, 선박마다 다릅니다. 그러므로 미리 예약을 하고 홈페이지나 사전 체크를 한 후 결제하고 사용하면 됩니다. 그렇게 빠르지는 않지만 웹서핑, 메신저 이용에는 아무 문제가 없습니다.

② 일부 식당과 주류 및 음료

크루즈에 뷔페와 정찬 레스토랑만 있는 것은 아닙니다. 유료이긴 하지만 다양한 음식을 접할 수 있는 식당들이 많습니다. 뷔페가 무료로 가성비 최고이지만 물릴 때가 있겠죠? 일식, 양식, 패스트푸드까지 다양하니 꼭 경험을 해보고 싶다면 한 번쯤 가보세요. 식당의 종류도 역시 선사마다 다르므로 체크해야 합니다.

또한 주류와 일부 음료가 유료입니다. 여행에서 빠질 수 없는 것이 바로 술인데요. 술도 기본적으로 유료이기 때문에 술 좋아하는 분들은 꼭 알고 가야 됩니다. 그러나 특별한 행사가 있는 경우에는 샴페인 등을 무료로 제공하는 때도 있습니다. 뷔페나 스낵바에서 제공되는 것들이 아닌 일반적인 음료도 유료인 경우가 많으니, 가격표가 붙어 있는지 확인을 잘 해야 합니다.

PART 5_이것만 알면 완벽한 크캉스를 누릴 수 있다!

③ 오락 시설

전자오락 시설은 아이들과 가족들, 키덜트 족들을 위해서 마련되어 있는 곳인데, 오락실 같은 경우에도 유료로 이용할 수 있습니다. 승선카드를 이용해서 결제를 하면 됩니다.

크루즈 범버카

크루즈 게임장 ▼

크루즈 오락실 ▼

나는 100만 원으로 크루즈 여행 간다

▲ 크루즈 카지노　　　　　　　　　　　　　　　　크루즈 미용실 ▼

　어른들의 오락실인 카지노도 빠질 수 없죠. 카지노는 아시다시피 유료로 하고 싶은 만큼 이용을 하면 됩니다. 공해상에 떠 있을 때, 즉 바다 위에 떠 있을 때만 오픈이 되므로 여러분 스케줄을 잘 보고 활용하면 됩니다.

　마사지, 헤어, 네일 등의 시설은 유료이고 보통 예약제입니다. 전화로 예약하든지 도착해서 미리 방문해서 예약해도 됩니다.

PART 5_이것만 알면 완벽한 크캉스를 누릴 수 있다!

④ 각종 투어 및 기항지 선택 관광

크루즈 내에는 일정 비용을 지불하면 체험해볼 수 있는 각종 투어가 있습니다. 투어의 종류는 선박마다 다양합니다. 저희가 탑승했던 '퀀텀 호'에는 360도 주변 경관을 볼 수 있는 관람차 '북극성'을 유료로 운영하고 있었으며, '보이저 호'에는 4,000명의 음식을 책임지는 조리 시설을 직접 볼 수 있는 프로그램이 마련되어 있었습니다. 브런치까지 포함된 가격이었죠.

기항지 관광은 옵션이기 때문에 기항지에 정박하게 되면 선내에 머물러도 되고 나가도 됩니다. 기항지 관광에는 두 가지 방법이 있습니다. 첫째, 하선을 해서 자유롭게 관광하는 자유 관광이 있죠. 둘째, 좀 더 편하게 가이드를 따라다니면서 관광을 하고 싶은 분들은 유료인 기항지 선택 관광 예약을 하고 같이 출발하면 됩니다.

돈은 조금 들지만, 힘들게 걸어다니거나 대중교통을 이용할 필요 없이 하선하는 즉시 픽업 나온 리무진 버스를 타고 가이드와 함께 기항지의 주요 알짜 포인트를 관광할 수 있습니다. 각자의 여행 스타일에 맞게 자유 관광을 하시거나 유료 관광, 선택 관광을 하셔서 재미나게 기항지 투어를 즐기면 됩니다.

⑤ 세탁 서비스

크루즈를 이용하면 파티나 정찬 레스토랑에 갈 기회가 있기 때문에 정장이나 드레스를 입을 때가 있습니다. 잘 챙겨가도 가서 꺼내보면 구겨져 있거나 뭐가 묻어있거나

나는 100만 원으로 크루즈 여행 간다

해서 난감할 때가 있죠. 이럴 때 크루즈에서 유료로 제공하는 세탁 서비스를 사용할 수 있습니다. 옷장 문을 열어보면 '론드리 슬립(laundry slip)'이라는 세탁물 내용을 적을 수 있는 세탁 신청서가 있습니다. 옷의 종류, 개수, 금액을 체크해서 세탁물을 넣을 수 있는 가방인 '론드리 백(laundry bag)'에 옷과 함께 론드리 슬립을 같이 넣어서 걸어 두거나 침대 위에 올려두면 회수해갑니다.

보통은 하루 정도 걸립니다. 오전에 나갈 때 신청하면 그 다음날 오후 5~6시쯤 옵니다. 빠른 서비스를 원한다면 익스프레스 서비스 체크란이 있어요. 혹은 전화를 해서 물어보면 알려줍니다. 코스타에서는 할증료 50%가 더 붙었습니다.

필요에 따라서는 다림질 서비스만 이용할 수도 있습니다. 그러면 'pressing only'에 표시하시면 됩니다. 코스타에서 이브닝 드레스 한 벌을 다림질 맡겼을 때 6불이었습니다. 실크 블라우스는 3.5불, 2불 정도입니다. 또 옷들을 개어달라거나 걸어달라고 따로 요청할 수 있는데, 개어달라고 할 경우에는 추가 요금이 있습니다.

모든 계산은 자동 정산 되어서 승선카드로 나중에 결제가 되기 때문에 맡기기만 하면 됩니다. 파티 등이 예정되어 있다면 당일이나 전날에는 세탁물이 밀릴 수 있기 때문에 미리 맡기거나 전화해서 확인하고 맡기는 게 안전하겠죠.

무료 서비스도 끝내주게 좋은 게 많지만 유료 서비스에는 당연히 더 좋은 서비스들이 많겠죠. 돈이 아깝지 않은 특별함을 제공해줍니다.

03

나는 100만 원으로 크루즈 여행 간다

헉! 크루즈에 없는 것도 있다!

PART 5_이것만 알면 완벽한 크캉스를 누릴 수 있다!

이 챕터에서는 크루즈의 단점에 대해서 이야기해보려고 합니다. 크루즈가 정말 가격 대비 최고의, 가성비가 좋은 여행이라고 생각하지만, 그래도 크루즈 여행할 때 불편했던 점이나 몰랐던 점을 아시면 조금 더 후회 없는 선택을 할 수 있지 않을까 합니다.

크루즈를 예약할 때는 노선을 보고 선택합니다. 알래스카, 지중해, 호주, 한국-러시아-일본 루트 등 다양하죠. 이때 출발하는 곳을 모항지라고 합니다. 만약 싱가포르가 모항지인 경우, 한국에서 비행기를 타고 싱가포르 비행장에 도착을 해서, 또 크루즈가 정박되어 있는 항구까지 이동을 해서 체크인을 해야 됩니다.

이것이 크루즈 여행의 첫 번째 단점입니다. 아직 한국에서 출발하는 크루즈 상품이 없습니다. 무조건 중국이든, 일본이든, 지중해든 크루즈가 출발하는 모항지로 비행기를 타고 이동해야 한다는 거죠. 조금 번거롭고 불편함을 감수해야 하는 부분입니다. 하지만 아직까지는 어쩔 수 없습니다.

크루즈는 보통 오후 4~5시 출발입니다. 체크인은 늦어도 1-2시간 전, 그러니까 오후 3시까지는 마쳐야 됩니다. 비행기를 타고 크루즈가 있는 항구까지 가야 하니까 그 시간을 확인해서 비행기를 예약하고 움직여야 합니다. 만약 그 시간을 잘못 예측했거나, 예기치 않게 중간에 무슨 일이 생기면 항구에서 체크인을 못 할 수도 있기 때문에 미리 가는 게 좋습니다.

나는 100만 원으로 크루즈 여행 간다

사실 가까운 모항지 같은 경우 새벽이나 아침 9~10시 것을 타고 가도 문제가 없었습니다. 하지만 멀리 호주나 유럽 쪽을 가게 되면 아무래도 미리 출발해야 하고, 당일에도 12~1시까지는 도착을 해야 문제가 없겠죠. 또한 크루즈 여행을 마치고 다시 내려주는 곳도 모항지입니다. 크루즈 여행을 끝내면 그곳에서 다시 한국으로 들어와야 됩니다.

두 번째 단점은 기항지 투어와 관련된 것입니다. 크루즈 여행을 가면 승객들이 자는 동안 배가 다른 나라, 다른 도시로 이동합니다. 눈을 떴을 때 다른 항구에 와 있는 거죠. 이때 배에서 내려서 기항지 투어를 할 것인가는 선택사항입니다. 그 도시를 구경하고 싶고 여행하고 싶다면 내려서 여행하게 되는데, 단점은 시간이 제한되어 있다는 겁니다. 새벽에 정박을 하고 저녁에 출발하기 때문에 그 사이에만 여행을 하고 출발하기 1~2시간 전에는 다시 승선을 해야 합니다. 가끔씩 1박 2일 후에 떠나는 경우도 있어서 외부에서 숙박하고 돌아오는 경우도 있지만, 보통은 당일이기 때문에 시간이 짧게 느껴집니다. 아무래도 기항지 투어에서는 시간 제한이 있다 보니 자유로움이 좀 덜하기 때문에 단점이 될 수 있습니다.

세 번째 단점은 날씨입니다. 크루즈의 로망은 아무래도 배 위에서 바다를 보며 하는 수영입니다. 그런데 날씨가 너무 추우면 야외 수영장을 이용하기가 어렵습니다. 이렇듯 바다의 날씨가 좋지 않으면 다양한 액티비티 이용에 제한이 있을 수 있습니다.

물론 스파 시설도 있고, 보통 실내 수영장도 바다를 볼 수 있게 되어 있지만 야외 수영장 같은 분위기를 느낄 수는 없죠. 다른 다양한 경험들을 날씨 때문에 놓칠 수 있다는 것이 단점이 될 것 같습니다.

마지막 단점은 인터넷이 비싸다는 것입니다. 아무래도 인터넷은 필수인데, 앞에서 언급했던 것처럼 바다 위에 항해 중일 때는 인터넷이 되지 않습니다. 그래서 크루즈 내에 있는 인터넷을 쓸 수밖에 없는데, 선사별로 가격이 달라서 선사 사이트에 들어가 인터넷 가격을 확인해야 합니다. 미리 예약을 하면 인터넷도 조금은 저렴하게 구입할 수 있습니다.

하루 걸러 기항지에 도착하기 때문에 하루 정도 인터넷을 안 쓰고 있다가 기항지에 도착하면 수신이 됩니다. 그때는 개인 핸드폰으로 인터넷을 구입했거나 포켓 와이파이를 구입한 경우에는 인터넷이 되죠. 하지만 그보다는 배 자체에서 나오는 인터넷이 확실히 빠르고 성능이 좋았습니다. 저는 선사 인터넷을 신청하는 게 좋다고 생각하지만, 기항지 투어를 많이 한다면 생각이 다를 수 있으니까 인터넷 비용이 비싸다는 것을 알고 있으면 될 것 같습니다.

여러분이 크루즈 여행의 단점도 알고 가면 조금 더 즐겁게 선택에 후회 없이 여행하실 수 있을 거라고 생각합니다.

나는 100만 원으로 크루즈 여행 간다

277

04

나는 100만 원으로 크루즈 여행 간다

크루즈에서 먹을 수 있는 모든 것

PART 5_이것만 알면 완벽한 크캉스를 누릴 수 있다!

정찬 레스토랑은 시간 선택 없이 예약을 할 수 있습니다. 하지만 보통 예약을 할 때 다이닝 타임을 선택할 수 있습니다. 6시 타임, 8시 타임 또는 6시 반 타임, 8시 반 타임. 2번의 저녁 식사가 있습니다. 예약한 시간에 맞춰서 정찬 레스토랑에 내려가면 이름을 물어봅니다. 예약 리스트를 확인한 다음에 바로 자리로 안내해줍니다.

만약에 예약을 하지 않으면 예약한 분들부터 먼저 보내고 자리를 안내해줍니다. 어떤 선사는 아예 두 군데로 나뉘어 있습니다. 예약한 사람과 예약하지 않은 사람으로 나뉘어서 줄을 서게 되고 안내를 받게 됩니다. 그래서 예약을 하지 않은 경우에는 사람이 몰리면 식사를 조금 늦게 하게 될 수도 있습니다.

예약을 할 때 정찬 레스토랑도 예약을 하는 게 좋지만, 그러지 못했다면 도착하자마자 데스크로 가서 예약하거나 전화해서 예약할 수 있습니다. 만약 예약을 했어도 가고 싶지 않다면 안 가도 됩니다.

"정찬 레스토랑 이외에 식사할 곳은 없나요?"

예약을 하지 않아 정찬 레스토랑에 입장하지 못했거나, 정찬 레스토랑을 이용하고 싶지 않은 경우 뷔페를 이용하면 됩니다. 밤 빼고는 거의 24시간 오픈이기 때문에 아침, 점심, 저녁에 그냥 들어가서 자유롭게 먹는 겁니다. 간혹 줄 서 있는 경우가 있기는 한데 드뭅니다. 뷔페는 자유롭게 예약 없이 갈 수 있고, 옷도 자유롭게 입습니다. 슬리퍼나 반바지도 가능하죠. 아무런 제약 없이 여러분이 가서 식사를 할 수 있어요.

시간이 정해져 있지만 24시간 테이블은 오픈이 되어 있습니다. 식사 타임마다 아침 메뉴가 다르고, 점심이 다르고, 저녁이 다릅니다. 그래서 아침, 점심, 저녁 전후 30분에는 뷔페의 메뉴가 교체되는 시간이 있어요. 그때는 자유롭게 못 먹을 수도 있어요. 하지만 뷔페가 워낙 크기 때문에 왼쪽을 닫아놓고 오른쪽 먼저 교체를 한 다음에 왼쪽을 교체한다든지 합니다. 어쨌든 선상 신문에 나오는 아침 식사 시간, 점심 식사 시간, 저녁 식사 시간에 맞추어 가시면 그 안에서는 다 식사가 이용 가능합니다.

탑승 전 인터넷을 통해 선박 이름을 검색하면 다양한 정보를 획득할 수 있습니다. 벌써 갔다 온 분들이 뷔페가 어디 있는지, 몇 층에 있는지 등 팁을 많이 주기 때문에 유용합니다. 제가 '뷔페'라고 하지만 실제로 약도에 '뷔페'라고 적혀 있지는 않아요. 선사마다 뷔페 레스토랑 이름이 있습니다.

퀸메리 2호의 뷔페 레스토랑 이름은 킹스코트였어요. 그래서 '킹스코트'라고 적혀 있기 때문에 '뷔페'를 찾으려면 찾기 힘들 수도 있습니다. 보통 꼭대기나 그 아래층 정도에 레스토랑이라고 해서 큰 면적을 차지하고 있는 부분이 거의 뷔페라고 보면 됩니다.

PART 5_이것만 알면 완벽한 크캉스를 누릴 수 있다!

보통 정찬 레스토랑은 4층, 5층 같은 아래층에 위치해 있습니다. 정찬 레스토랑도 물론 따로 레스토랑 이름이 적혀 있습니다. 여러분이 선사를 예약하고 나면 미리 그 선사를 검색해서 배가 나와 있는 그림을 미리 보면 좋아요.

중간중간 간식을 먹고 싶다? 스낵바가 있어요. 스낵바도 모두 무료 이용입니다. 단지 콜라, 카페에서 먹는 커피, 주류 이런 것만 유료입니다. 아메리카노 같은 것은 뷔페에서나 스낵바에서 일반적으로 무료로 제공됩니다. 제가 갔던 곳은 라바짜 커피가 제공되고 있었습니다.

또 하나 팁을 드리자면, 식수에 관련된 것입니다. 물 쿠폰이라고 여행 기간 내에 쓸 수 있는데, 바에서 구매할 수 있어요. 그 쿠폰을 사면 계속 여행 기간 내에 물(보틀)을 먹을 수 있습니다. 단 뷔페나 레스토랑에서는 무료죠.

이런 정보들을 꼭 아셔야 제대로 잘 먹고, 잘 누릴 수 있다는 것을 알려드립니다. 왜냐하면 크루즈 여행은 모든 식사 비용이 포함이잖아요.

283

05

나는 100만 원으로 크루즈 여행 간다

뭘 입어야 좋을지 모르겠다면?

PART 5_이것만 알면 완벽한 크캉스를 누릴 수 있다!

크루즈가 화려하다 보니까 '격식 있게 다녀야 된다.' 이런 이야기를 많이 듣잖아요. 물론 실제로 가서 봐도 굉장히 호화스럽고, 걸어 다니는 호텔이라고 할 정도로 럭셔리 한데요. 복장에 대한 규제는 딱히 없습니다.

하지만 여러분이 정찬 레스토랑에 가거나 포멀 나이트(fomal night: 공식행사의 밤)를 즐길 것이라면 규정을 지켜야겠죠. 정찬 레스토랑에서는 원한다면 드레스나 턱시도, 정장을 입어도 되는데 꼭 입지 않아도 됩니다. 외국인분들은 나비넥타이에 우아한 드레스를 입고 오는 분들도 많으세요. 이렇게 정장을 입으면 가장 좋지만 그런 문화에 익숙하지 않다고 하면 단정한 긴 바지와 셔츠, 블라우스로 가능합니다. 여자분들 같은 경우에는 기본적인 원피스도 괜찮습니다. '나는 익숙하지 않아서 못 하겠어.' 그러면 한복도 괜찮습니다. 한복은 인기가 대단합니다. 단, 슬리퍼나 반바지는 안 됩니다. 단정하고 포멀한 느낌으로 입어야 됩니다.

정확한 사항은 선사나 배, 장소, 이벤트마다 드레스코드가 있을 수 있으니 확인하면 됩니다.

그 외에 뷔페식당, 일반 쇼핑, 공연장 이런 데서는 크게 지켜야 할 복장 제한이 없습니다. 편안한 복장을 하시면 되는데 그래도 문화라는 게 있어서 대부분 한국, 중국분

나는 100만 원으로 크루즈 여행 간다

들을 제외하고는 차려 입고 오죠. 하지만 이왕 가는 것, 한국에서 입기는 그렇지만 특별하게 화려한 옷들을 챙겨 가는 것도 좋을 것 같습니다. 남들 다 입을 때 입으면 어색하지 않잖아요. 왠지 더 돋보이고, 더 기억에 남고 멋진 여행이 되거든요. 여력이 되신다면 멋진 정장이나 옷을 한 벌 들고 가는 걸 추천합니다.

이번에 저는 갈 때 화려하고 반짝이는 옷을 입고 가서 저녁에 파티나 공연장이나 저녁에 와인이나 맥주 한잔을 할 때는 우아하고 화려하게 입어볼까 합니다. 여성분들은 우아하고 화려하게 입을 때 구두가 꼭 필요하더라고요. 그래서 별도의 화려한 옷과 옷에 맞는 구두를 한 컬레 정도 챙기면 정말 멋진 복장으로, 멋진 크루즈 문화생활을 제대로 누릴 수 있습니다.

그리고 한 가지 꼭 챙겨야 할 것이 있습니다. 크루즈에서 휴양처럼 보낼 것이 아니라 기항지마다 내려서 투어를 하는 계획을 세우셨다면, 기항지마다 다른 날씨로 인해 불편함을 겪지 않도록 의상 준비를 해야 합니다.

미리 코스와 기항지를 알아두셔야 짐을 싸실 때 그에 맞는 옷을 가져갈 수 있겠죠. 어디는 비가 오고, 어디는 햇빛이 쨍쨍하지만, 또 어디는 쌀쌀할 수 있습니다. 미리 체크하셔서 의상 준비를 하셔야 기항지 투어를 할 때도 너무 덥지 않게, 너무 춥지 않게 할 수 있다는 것을 알려드릴게요.

PART 5_이것만 알면 완벽한 크캉스를 누릴 수 있다!

06

나는 100만 원으로 크루즈 여행 간다

크루즈는 365일 축제 중!

PART 5_이것만 알면 완벽한 크캉스를 누릴 수 있다!

크루즈에는 각종 시설과 액티비티, 공연이 준비되어 있는데요. 시설로는 수영장, 헬스클럽, 카지노, 레스토랑, 스파, 면세점, 스포츠 시설, 심지어 오락실도 있습니다. 범퍼카, 클라이밍, 서핑 이런 액티비티도 다 있고요. 여러분들이 하루 종일 있으시면서 편의시설을 즐길 수 있습니다.

그리고 매일 저녁 뮤지컬, 콘서트, 마술쇼 등의 다양하고 화려한 공연이 펼쳐집니다. 시간이 정해져 있으니까 선상 신문을 확인하셔서 매일 다양한 쇼를 관람하면 즐거운 추억을 만들 수 있습니다.

선내에서 자유로운 쇼핑을 즐길 수 있습니다. 정말 백화점에 있는 것처럼 규모가 어마어마하고 면세품이기 때문에 면세 혜택도 받을 수 있으며, 마지막 날에 가면 대폭 할인을 합니다.

무엇보다 밤 문화가 엄청나죠. 여러분들도 충분히 즐길 수가 있습니다. 의무는 아니지만 드레스나 정장 차림을 하고 저녁에 나가보시면 클럽과 바가 준비되어 있습니다. 가면 신나는 음악과 다양한 외국인 친구들도 만날 수 있고요. 가서 즐겁게 즐기시면 이 크루즈에 있는 모든 혜택을 모두 누리실 수 있습니다.

로얄캐리비안 얼루어 호에는 센트럴 파크가 있습니다. 바다 위에서 푸른 녹음의 자연을 즐길 수 있도록 공원을 그대로 옮겨왔습니다. 산책을 하거나 조용히 여유를 즐길 수도 있지만 사람들과 어울리기에도 좋습니다. 주변에는 다양한 종류의 레스토랑이 늘어서 있고, 저녁에는 곳곳에서 각종 공연이 열립니다.

로얄캐리비안 심포니 호의 아쿠아 씨어터는 바다 위의 극장입니다. 해가 떠 있는 동안에는 분수쇼가 펼쳐집니다. 그 와중에 수영장에서 느긋하게 수영을 즐기거나 스킨스쿠버 강습을 받을 수도 있죠. 석양이 지는 풍경도 일품입니다. 해가 지면 싱크로나이즈, 고공 다이빙 등 불빛과 음악이 함께 어우러진 쇼가 펼쳐집니다.

최근 신설된 로얄캐리비안 스펙트럼 호에서는 스카이패드를 만날 수 있습니다. VR 기기를 착용한 상태로 트램펄린을 타는 액비티티 시설입니다. 마치 다른 시공간에 와 있는 듯한 경험을 할 수 있습니다. 테마도 다양하니 고르는 재미도 있습니다. 1인당 20~29$ 정도입니다.

로얄캐리비안 오아시스 호에는 보드워크가 있습니다. 로얄캐리비안의 시그니처 시설이죠. 온 가족이 함께 가도 전부 재미있게 즐길 수 있는 곳입니다. 회전목마와 각종 오락 시설, 레스토랑과 바, 캔디샵, 쇼핑몰이 있습니다.

로얄캐리비안 퀸텀오브더시즈 호에는 북극성이라는 바다 관람차가 있습니다. 91.5m 상공의 보석 모양의 유리 캡슐에 탄 채로 바다의 일출과 일몰을 감상할 수 있습니다.

PART 5_이것만 알면 완벽한 크캉스를 누릴 수 있다!

셀러브리티 크루즈에는 아트 스튜디오가 있는 선박이 있습니다. 마스터 아티스트에게 미술을 배울 수 있습니다. 직접 그림도 그리는 클래스도 있으니 알아보세요. 셀러브리티 아이라운지가 인상적입니다. 단순한 인터넷 카페가 아닙니다. 애플 사의 맥북, 아이패드 등의 제품을 체험하고 사용법을 배울 수 있는 곳이죠. 물론 그 자리에서 제품을 구매할 수도 있습니다.

노르웨이지안의 알래스카 크루즈를 간다면 짚라인을 타고 하늘을 가로지를 수도 있습니다. 스릴도 만점이지만 짚라인을 타고 보는 풍경이 또한 장관입니다.

브레이크 어웨이 호에서는 워크 더 플랭크(Walk The Plank)로 엄청난 스릴을 맛볼 수 있습니다. 망망대해 위 길이 8피트의 널빤지를 밟는 체험입니다. 바다 위 암벽 등반도 인기 있는 액티비티입니다. 무서울 수도 있지만 크루즈보다 높은 곳에서 바라보는 바다 전경은 두려움을 잊게 만듭니다. 초보자라도 강습을 받을 수 있으니 걱정 마세요.

다양한 모양의 얼음 조각상과 의자, 바까지 모두 얼음으로 만들어져 있는 아이스 바도 놓치지 마세요. 바 내부에 들어가면 자켓과 장갑을 제공하니 맨몸으로 가도 됩니다.

또한 토니 어워드를 수상한 뮤지컬, 〈락 오브 에이지〉 공연을 만날 수 있습니다. 1980년대를 배경으로 한 사랑과 도전 스토리죠.

프린세스 크루즈는 대형 선상 영화관을 가지고 있습니다. 69,000와트 사운드 시스템을 갖추었고, 풀사이드 대형 스크린은 약 28제곱미터나 된다고 하죠. 팝콘과 담요는 무료이니 앉아서 영화를 즐기기만 하면 되겠습니다.

또한 그래미 어워드를 수상한 뮤지컬 〈매직 투 두〉를 볼 수 있습니다. 〈위키드〉의 작곡가 스테픈 슈바르츠가 프린세스 크루즈만을 위해 제작한 음악과 음악, 마술을 즐길 수 있습니다.

선내 대형 극장에서는 〈보이스 오브 더 오션〉이라는 서바이벌 보컬 프로그램을 합니다. 승객들이 직접 라이브 무대에 오르고 투표로 우승자를 뽑습니다. 우승자에게는 트로피와 함께 '보이스 오브 더 오션' 타이틀이 주어진다고 하니 볼 만하겠죠?

지금까지 대표적인 선사와 선박의 액티비티나 시설, 공연을 소개해드렸습니다. 비슷하거나 같은 시설이 여러 선사와 선박에 있을 수 있으니, 읽으면서 '이런 것이 있다'고 알아두고 자세한 것은 각 선사 사이트에서 확인하기 바랍니다. 또는 네이버 카페 〈탐나는 크루즈 여행〉에 가입하길 바랍니다. 크루즈 여행에 관한 자세한 정보를 알 수 있습니다. 방법만 안다면 누구나 지금 당장 준비하고 저렴하게 다녀올 수 있습니다.

크루즈 백화점

나는 100만 원으로 크루즈 여행 간다

크루즈 스파 시설

PART 5_이것만 알면 완벽한 크캉스를 누릴 수 있다!

07

나는 100만 원으로 크루즈 여행 간다

맘 놓고 즐기세요! 키즈 프로그램!

PART 5_이것만 알면 완벽한 크캉스를 누릴 수 있다!

크루즈에는 아기를 맡길 수 있는 탁아 서비스도 준비되어 있습니다. 저는 처음 갔을 때 아기를 맡길 수 있다는 생각을 못해서 저랑 고모님이랑 교대로 케어하면서 놀고 그랬습니다. 두 살, 한 살 아이들이었고 게다가 임신 중이었기 때문에 제대로 크루즈를 즐기지 못했습니다.

유아나 어린이, 주니어 등 연령대별 다양한 선상 프로그램이 운영되고 있습니다. 아이들이 있다면 그 프로그램에 맞추어서 예약을 하시고 아이들을 맡겨두고 여러분들은 따로 쇼핑을 하시거나 기항지 투어를 하셔도 됩니다.

키즈 카페에서 놀 정도로 큰 아이들이면 호텔이나 백화점에 있는 것 같은 키즈 프로그램을 이용할 수 있습니다. 아이들이 어린이집 가서 노는 것처럼 하루 종일 실습도 하고, 놀기도 합니다. 그런 것도 선상 신문에 나와 있습니다. 정말 갓난아이라면 공연 보는 시간에 베이비시터를 방으로 불러서 2~3시간 정도 봐달라고 할 수도 있습니다. 한 시간당 10~15불 정도의 비용을 줬습니다.

로얄캐리비안 크루즈에는 어드벤처 오션이라는 우수 어린이 프로그램이 있습니다. 승무원들은 전부 전문 교육 과정을 거친 사람들이니 더 안심할 수 있겠죠. 연령대별로 프로그램도, 장소도 다르기 때문에 믿을 만합니다. 이 프로그램을 통해서 아이들은 세계 각국의 다양한 친구들과 함께 지내볼 수 있습니다.

나는 100만 원으로 크루즈 여행 간다

이밖에도 파트너사와 함께 준비한 프로그램도 많습니다. 그림&공예 교실은 물론 다채롭고 흥미로운 주제들로 구성된 과학 실험실, 발성과 표현 등을 배워보는 공연 프로그램 등이 준비되어 있습니다. 공연 프로그램을 통해 배운 것으로 가족들에게 장기 자랑을 할 수도 있다고 하네요. 어린이 전용 물놀이 시설 H2O Zone도 주목할 만합니다. 분수와 폭포가 어우러져 있고, 아이들의 오감을 자극할 형형색색의 조형물들을 만날 수 있죠.

프린세스 크루즈의 키즈 프로그램은 2004년 Porthole Magazine Choice Award에서 Best Children's Program에 선정되었습니다. 3~7세를 대상으로 한 프린세스 펠리칸 프로그램에서는 보물찾기, 어린이 올림픽, 생일 파티, 댄스파티, 아이스크림 파티, 백스테이지 투어 등의 활동을 하게 됩니다. 8~12세 프로그램인 쇼크웨이브는 과학 실험, 추리게임, 풀파티가 눈에 띕니다. 13~17세의 리믹스 프로그램은 청소년까지 포괄하는 만큼 데이트게임, 카지노 나이트, DJ워크숍, 스포츠 등으로 꾸려져 있습니다.
크루징 날의 일부 시간대는 베이비시팅 서비스 때문에 유료로 프로그램을 제공합니다. 뷔페나 스낵바에서 어린이용 메뉴가 대기하고 있으니 이용 가능합니다.

노르웨이지안 크루즈에서는 어린아이들을 연령별로 나누어 스플래쉬 아카데미를 운영합니다. 6개월~3세는 '구피스'라고 하여 감각놀이, 색깔놀이 등을 진행합니다. 구피스는 부모님을 동반해야 한다는 점 잊지 마세요.

3~5세의 '거북이'들을 위한 보물찾기, 공예, 발달 활동 프로그램, 6~9세 '물개' 어린이들을 위한 서커스 스킬, 페인팅, 스포츠 프로그램이 있습니다. 10~12세는 '돌고래'로, 비디오 게임, 스포츠 프로그램 등을 진행합니다.

만약 10대 자녀가 있다면 노르웨이지안 크루즈의 청소년 센터 안투라지(Entourage)를 이용해도 좋습니다. 10대들을 위한 장소를 제공하는 무료 센터입니다.

셀러브리티 크루즈에서도 3~11세를 위한 펀팩토리 라는 프로그램을 운영합니다. 역시 전문 교육을 받은 승무원이 함께합니다. 물론 청소년 전용 시설도 있습니다. 디스코 클럽이나 라운지가 대표적이죠. 셀러브리티 크루즈에서는 특히 12~17세 청소년들을 위한 XClub을 운영합니다.

아이들과 청소년을 위한 프로그램이 워낙 잘 되어 있으니까 미리 예약을 하셔서 이용하면 되겠죠?

BONUS PART 1

"크루즈 여행 Q&A 20"

Q. 크루즈는 준비가 많이 필요하지 않나요?

A : 크루즈에 대한 편견 중에 '길게, 미리미리 예약해서 돈 많이 들여 가는 여행'이라
는 게 있습니다. 그러나 크루즈도 가까운 모항지를 선택해서 2~3박으로 짧게, 그
리고 생각보다 저렴하게 떠날 수 있는 여행입니다.

Q. 크루즈 여행을 싸게 가는 방법이 있을까요?

A : 첫 번째, 미리 예약하세요. 두 번째, 크루즈 멤버십을 이용하세요. 특히 멤버십을
이용하면 거의 절반의 비용으로 크루즈를 갈 수 있으니 꼭 사이트에 접속하시기
바랍니다!

Q. 예약 후 취소는 가능한가요?

A : 취소도 가능합니다. 다만 기본적으로 60일이 되면 50%만 환불 받을 수 있거나 환불이 안 될 수도 있습니다. 선사마다 다르니 예약 취소나 환불에 대한 규정도 미리 확인하면 좋을 것 같습니다.

Q. 여권과 비자 관련 주의사항은요?

A : 여권 갱신 기간이 최소 6개월은 남아 있어야 합니다. 항구까지 왔다가 돌아가셔야 하는 불상사가 발생할 수도 있어요. 비자는 특히 기항지 투어를 할 거라면 체크를 하셔야 합니다. 아예 배에서 내리지 못하는 경우가 생기기 전에요!

Q. 크루즈 경비 계산할 때 어떻게 해야 하나요?

A : 네 가지만 기억하세요. 크루즈 상품 비용, 모항지까지 가는 비행기 티켓 비용, 공항에서 항구까지 가는 교통 수단 비용, 선상 팁입니다.

Q. 크루즈를 타면 배멀미가 있지 않나요?

A : 크루즈 선박은 규모가 크기 때문에 대부분의 경우 움직임이 느껴지지 않습니다. 하지만 특별히 멀미가 심하다면 탑승 전 미리 멀미약을 챙기시는 것을 추천합니다. 물론 선박 내에도 의료센터가 있으니 갑자기 배멀미를 하게 되더라도 약을 받을 수 있습니다.

Q. 장애인도 크루즈 여행 괜찮을까요?

A : 추천합니다. 예약할 때도 장애인 50% 할인, 장애인 보호자까지 할인되는 경우도 있습니다. 장애인을 위한 룸 같은 경우에는 1.5배 넓거든요. 자유롭게 이동하기 위해서 화장실도 굉장히 넓습니다. 휠체어 서비스는 당연히 가능하고요.

Q. 어린아이가 있는데 괜찮을까요?

A : 크루즈에는 각종 키즈 프로그램이 준비되어 있습니다. 다양한 나라의 아이들과 어울릴 좋은 기회가 될 수 있겠죠. 그리고 유아라도 탁아 서비스를 이용할 수 있고, 공연이 있거나 할 때 아이를 몇 시간 맡겨놓고 편하게 놀 수 있습니다.

Q. 뷔페와 정찬 레스토랑 말고 다른 식당은 없나요?

A : 있습니다. 선사나 선박마다 다르지만 이탈리아 레스토랑, 패스트푸드, 스낵류 등 다양한 유료 레스토랑이 있으니 이용하면 됩니다.

Q. 객실은 어떻게 선택해야 하죠?

A : 객실의 종류는 크게는 인사이드, 오션뷰, 발코니, 스위트 룸이 있습니다. 이외에도 싱글룸, 가족을 위한 커넥팅 룸이나 어드조이닝 룸, 개런티 룸 등 다양한 룸이 있고, 선사나 배마다 제공하는 룸이 다르니 확인하세요. 예산, 자신의 성향, 이용 인원, 룸의 크기 등을 고려하여 최고의 선택을 하길 바랍니다.

나는 100만 원으로 크루즈 여행 간다

Q. 선상 팁이 뭐죠? 얼마나 필요한가요?

A : 팁 문화는 크루즈에서 보편적입니다. 선상 팁 자체가 크루즈 상품 비용에 포함되어 있는 경우도 있지만, 종종 아닐 때도 있으니 체크하셔야 합니다. 보통 1인 1박당 12~15불 정도입니다.

Q. 승선카드가 뭐죠?

A : 크루즈 내에서 신분증, 룸 키, 결제 수단 역할을 하는 카드입니다. 여러분의 기타 예약 사항 등도 등록되어 있습니다. 항상 가지고 다녀야 하는 것이니 분실하지 않게 주의하세요.

Q. 체크인 할 때 꼭 챙겨야 할 것이 무엇일까요?

A : 예약 사이트에서 출력한 예약 확인증, 여권, 기항지에 따라 여권 사본이 기본입니다. 체크인 전에 짐은 미리 맡깁니다. 신용카드는 승선카드에 등록할 때 필요하니 챙겨야 합니다.

Q. 선상 신문을 꼭 봐야 하나요?

A : 크루즈 여행을 100배 즐기기 위해서는 선상 신문이 꼭 필요합니다. 매일 달라지는 이벤트, 공연 등을 잘 알아놓고 즐기고 싶은 것을 선택하면 됩니다. 영어로 쓰여 있지만 차근차근 보면 이해할 수 있습니다.

Q. 배에서 아프면 어떻게 하죠?

A : 크루즈에는 전문 의료진과 의료센터가 있습니다. 혹시 다치거나 아프더라도 의료 서비스를 받을 수 있으니 너무 걱정하지 마세요.

Q. 배 안에 와이파이가 되나요?

A : 포켓 와이파이나 해외 로밍 서비스로는 안 됩니다. 기항지에 정박했을 때에는 이용 가능하지만 해상에서는 통하지 않습니다. 선사 인터넷을 신청해야 하는데, 가격이 좀 있으니 미리 알아보시고 예산에 포함해놓는 게 좋습니다.

Q. 룸서비스는 24시간 되나요?

A : 네. 거의 24시간 됩니다. 전화로 해도 되고, 객실에 따라서 TV 모니터의 메뉴를 통해 주문할 수도 있습니다. 늦은 시간에 주문할 때는 추가 할증료를 받기도 합니다. 아침식사는 주문서가 있으니 그걸 이용하면 됩니다.

Q. 카지노는 언제 오픈하나요?

A : 많은 분들이 카지노는 밤새 열 것 같다는 편견을 가지시는데, 기본적으로 카지노는 새벽에 문을 닫습니다. 기항지에 머물러 있을 때도 닫고 해상에서만 오픈합니다. 선사마다 규정이 있기 때문에 선상신문에서 미리 체크하세요.

Q. 한국어를 할 수 있는 승무원이 있나요?

A : 간혹 한국어가 가능한 승무원이 있습니다. 데스크에 물어보시면 안내해줍니다. 하지만 승무원들이 워낙 친절하고 다양한 나라의 관광객에 익숙하기 때문에 영어를 못 해도 바디랭귀지를 동원해서 대충 몇몇 단어만 얘기해도 알아듣습니다.

Q. 옷은 꼭 차려 입어야 하나요?

A : 포멀 나이트나 정찬 레스토랑을 이용할 때는 단정하고 포멀한 의상을 권합니다. 선사, 선박, 상품마다 규정이 따로 있을 수 있으니 참고하세요. 다만 매일 그렇게 입을 필요는 없습니다. 뷔페에서는 반바지에 슬리퍼도 오케이니까요.

BONUS PART 2

알아두면 좋은
크루즈 용어

1. 선박 용어

그로스 톤네이지 (gross tonnage)	일반적으로 선박의 전체 용적(부피)을 말합니다.
항해 마일 (nautical mile)	항해 마일은 지구의 원주를 60분의 1로 나눈 것입니다. 1항해 마일은 1,852m를 의미합니다.
노트 (knot)	배의 속도 단위입니다.
렝스 (length)	선박의 길이
빔 (beam)	선박의 넓이
포워드 (forward)	선박의 앞쪽

나는 100만 원으로 크루즈 여행 간다

아프터 (AFT)	선박의 뒤쪽
포트 사이드 (port side)	선박의 왼쪽
스타보드 (starboard)	선박의 오른쪽

2. 시설 용어

브릿지 (bridge)	조종실. 일반적으로 선박의 앞쪽에 위치하며 레이더, 통신장치 등을 갖추고 있습니다.
스테이트룸 (stateroom)	크루즈 내 선실을 의미하며 cabin(캐빈)이라고도 합니다.
퍼서스 오피스 (perser's office)	호텔의 프론트 데스크 역할이며 프론트 데스크, 게스트 리레이션 데스크 등 선사별로 명칭이 다릅니다.
풀맨 (pullman)	2인 이상 사용하는 선실의 3,4번째 승객의 침대. 선실의 벽면에서 끌어내려 사용하는 2층 침대입니다.
버스 (berth)	침대
데크 (deck)	갑판(층)을 말합니다.
갱웨이 (gangway)	지상과 크루즈의 연결 통로입니다.
포트홀 (porthole)	오션뷰 선실의 둥근 창문입니다.

옵스트럭티드 뷰 (obstructed view)	선실 창밖으로 텐더가 있어 시야가 가리는 것을 뜻합니다.
텐더 (tender)	비상시 쓰이는 안전 보트입니다. 큰 배가 접근하지 못하는 곳 에서는 선박에서 기항지로 이동할 때 이용하기도 합니다.
커넥팅 스테이트룸 (connectingstateroom)	선실과 선실 간의 연결이 가능한 방을 말합니다. 단체나 가족끼리 이용하곤 합니다.

3. 식사 규정 용어

갤리 (gally)	승무원들이 음식을 준비하는 주방을 말합니다.
시팅 (seating)	정찬(식사) 시간을 규정하는 것입니다.
오픈 시팅 (open seating)	식사 시간이 규정되어있지 않으며 원하는 시간에 식사가 가능합니다.
싱글 시팅 (single seating)	정찬(식사) 시간이 나뉘어있지 않으며 승객 모두가 같은 시간에 식사합니다.
투 시팅 (two seating)	정찬 시간이 2개로 구분되어 있습니다.
포 시팅 (four seating)	정찬 시간이 4개로 구분되어 있습니다.

나는 100만 원으로 크루즈 여행 간다

크루즈 여행 영어 회화

1. Food & Beverage (음식 & 음료)

1) Room service (객실 서비스)

I'd like to order breakfast, please.

아침식사를 주문하고 싶습니다.

How long will it take?

시간이 얼마나 걸릴까요?

2) Main restaurant (메인 레스토랑)

We go for today's special as you mentioned.

추천해주는 메뉴로 할까 합니다.

This dinner courses were very nice and tasty.

저녁 코스요리가 굉장히 맛있었어요.

What is this dish called?

이 음식은 이름이 뭔가요?

How does it taste?

맛이 어때요?

This food doesn't suit my taste.

이건 제 입맛에 안 맞네요.

After you.

먼저 드십시오

What kind of drinks do you have?

음료는 어떤 종류가 있습니까?

3) Coffee shop (커피 숍)

I'd like to have a double shot of espresso.

투샷 에스프레소 주십시오.

Do you sell a sparkling water here?

탄산수 파나요?

4) Mini bar (미니 바)

Could you bring me some more water by this evening?

오늘 저녁까지 물 좀 더 갖다주실 수 있나요?

How much is alcohol drink in mini bar?

미니바에 있는 술은 얼마인가요?

5) Bar (바)

Could you bring me a glass of beer?

맥주 한 잔 주시겠어요?

What do you recommend?

추천해주시겠어요?

What kind of wine do you have?

어떤 종류의 와인이 있습니까?

I'm a little drunk.

약간 취기가 있어요.

Do you like to drink?

술 마시는 거 좋아하나요?

Let's have a talk over drinks.

마시면서 얘기합시다.

Would you like another?

더 마실래요?

2. Housekeeping (시설 관리)

Could you do me a favor?

도와주시겠어요?

Please change the linen if you can.

린넨을 바꿔주세요.

3. Laundry Service (세탁서비스)

My evening dress is totally wrinked.

이브닝 드레스에 구김이 갔네요.

Would you iron these clothes for me?

이 옷을 다려 주시겠어요?

Please take tips with you.

(너무 감사해서) 팁을 드릴게요.

I sent my shirt to be dry cleaned last two days ago
– but I haven't received it yet.

이틀 전에 셔츠 세탁을 맡겼는데 아직 못 받았습니다.

I have some laundry.

세탁을 부탁합니다.

4. Guest Service (승객 서비스)

1) Maintenance problem (시설 문제)

Toilet in my room keeps making trouble.

객실 화장실에 문제가 있습니다.

You'd better to check this out now.

지금 바로 확인해주세요.

2) Lost child (미아)

Could you help me or make an announcement?

같이 찾거나 안내 방송을 해주시겠어요?

3) Lost & Found (분실물)

I'm looking for my sunglass.

제 선글라스를 찾고 있습니다.

4) Lost luggage (분실물)

I lost my luggages~.

제 짐을 잃어버렸습니다~.

5) Room change (방 변경)

My room is too small than I was expected.

생각했던 것보다 더 객실이 좁네요.

6) Exchange money (환전)

I'd like to exchange this US dollars to Euro.

달러를 유로화로 환전하고 싶습니다.

I just need small money to buy something.

기념품 등을 살 수 있도록 작은 단위로 바꿔주세요.

7) Concierge service (안내 서비스)

Could you make a reservation for us?

예약을 해주시겠어요?

8) Telephone operator (전화)

Could you wake me up at 07:00 in the morning?

내일 아침 7시 모닝콜 부탁합니다.

I'd like to make a reservation for the spa onboard.

선상 스파 예약을 하려고 합니다.

9) Babysitting Request (탁아 서비스)

I'm not able to take my children with us because they are too young to be participated for that tour.

투어하기에 아이들이 너무 어려서 데려갈 수가 없습니다.

5. Spa & Hair salon (스파 & 헤어살롱)

I need a new hair style. Something looks different.

헤어스타일을 좀 바꾸고 싶어요

Is this style easy to make at home?

집에서도 매만지기 쉬운가요?

I'd like a haircut.

머리를 자르고 싶습니다

Could you set my hair, please?

세팅해주시겠어요?

How long will the whole thing take?

전부 하는데 시간이 얼마나 걸릴까요?

Does that include the tip?

팁까지 포함된 것인가요?

6. Gift shop (쇼핑)

How about going shopping with me?

저와 쇼핑하실래요?

I just need them to wrap it up.

포장해주세요.

Do you have gift bag that I can put them in?

넣을 수 있는 선물용 봉투 있을까요?

I have no idea which one is the best choice.

어떤 것이 가장 좋을지 모르겠네요.

7. Emergency (응급)

I feel tired and run down.

피곤하고 기운이 없어요.

I have a headache.

두통이 있어요.

I have a stomachache.

배가 아파요.

I think I have a touch of indigestion.

소화불량 기미가 있는 것 같아요.

I have a problem.

문제가 좀 생겼어요.

I like to buy some cold medicine.

감기약 주세요.

8. Etc. (기타)

How did you find this cruise?

이 크루즈는 어떻게 알게 되셨어요?

Could I ask about the program on board this cruise?

크루즈의 프로그램에 대해 여쭤봐도 될까요?

When this program starts?

이 프로그램은 언제 시작하나요?

Is this service free of charge?

이 서비스는 무료인가요?

Is there any additional charge?

추가 비용이 따로 있나요?

When do I pay for this?

언제 지불하면 될까요?

This is a very pleasant morning.

나는 100만 원으로 크루즈 여행 간다

기분 좋은 아침입니다.

Very nice meeting you.

당신을 만나서 반갑습니다.

I really hope to see you again.

다시 만나 뵙길 바랍니다.

The winds and waves are high. Please go inside the ship.

바람이 불고 파도가 높으니 선실 안으로 들어가시기 바랍니다.